Évaluation du Prurit chez les Chiens à Dermatite Atopique

Hélène Cordas

Évaluation du Prurit chez les Chiens à Dermatite Atopique

Etat des lieux des connaissances

Éditions universitaires européennes

Mentions légales/ Imprint (applicable pour l'Allemagne seulement/ only for Germany)

Information bibliographique publiée par la Deutsche Nationalbibliothek: La Deutsche Nationalbibliothek inscrit cette publication à la Deutsche Nationalbibliografie; des données bibliographiques détaillées sont disponibles sur internet à l'adresse http://dnb.d-nb.de.
 Toutes marques et noms de produits mentionnés dans ce livre demeurent sous la protection des marques, des marques déposées et des brevets, et sont des marques ou des marques déposées de leurs détenteurs respectifs. L'utilisation des marques, noms de produits, noms communs, noms commerciaux, descriptions de produits, etc, même sans qu'ils soient mentionnés de façon particulière dans ce livre ne signifie en aucune façon que ces noms peuvent être utilisés sans restriction à l'égard de la législation pour la protection des marques et des marques déposées et pourraient donc être utilisés par quiconque.

Photo de la couverture: www.ingimage.com

Editeur: Éditions universitaires européennes est une marque déposée de
Südwestdeutscher Verlag für Hochschulschriften GmbH & Co. KG
Dudweiler Landstr. 99, 66123 Sarrebruck, Allemagne
Téléphone +49 681 37 20 271-1, Fax +49 681 37 20 271-0
Email: info@editions-ue.com
Agréé: Toulouse, Université Paul Sabatier, Thèse pour l'obtention du diplôme de docteur vétérinaire, 2011

Produit en Allemagne:
Schaltungsdienst Lange o.H.G., Berlin
Books on Demand GmbH, Norderstedt
Reha GmbH, Saarbrücken
Amazon Distribution GmbH, Leipzig
ISBN: 978-613-1-56822-0

Imprint (only for USA, GB)

Bibliographic information published by the Deutsche Nationalbibliothek: The Deutsche Nationalbibliothek lists this publication in the Deutsche Nationalbibliografie; detailed bibliographic data are available in the Internet at http://dnb.d-nb.de.
 Any brand names and product names mentioned in this book are subject to trademark, brand or patent protection and are trademarks or registered trademarks of their respective holders. The use of brand names, product names, common names, trade names, product descriptions etc. even without a particular marking in this works is in no way to be construed to mean that such names may be regarded as unrestricted in respect of trademark and brand protection legislation and could thus be used by anyone.

Cover image: www.ingimage.com

Publisher: Éditions universitaires européennes is an imprint of the publishing house
Südwestdeutscher Verlag für Hochschulschriften GmbH & Co. KG
Dudweiler Landstr. 99, 66123 Saarbrücken, Germany
Phone +49 681 37 20 271-1, Fax +49 681 37 20 271-0
Email: info@editions-ue.com

Printed in the U.S.A.
Printed in the U.K. by (see last page)
ISBN: 978-613-1-56822-0

EVALUATION DU PRURIT CHEZ LES CHIENS A DERMATITE ATOPIQUE

A Madame Elisabeth Arlet-Suau

Professeur des Universités

Praticien Hospitalier

Médecine interne

Qui m'a fait l'honneur d'accepter la présidence de mon jury de thèse. Hommages respectueux.

A Mademoiselle Marie-Christine Cadiergues

Maître de conférences de L'Ecole Nationale Vétérinaire de Toulouse

Dermatologie

Qui m'a orienté vers ce sujet de thèse et en a assuré la direction.

Qu'elle trouve ici l'expression de ma sincère reconnaissance pour sa patience, sa sollicitude et sa disponibilité sans limite.

A Madame Geneviève Bénard

Professeur à l'Ecole Nationale Vétérinaire de Toulouse

Hygiène et industrie des aliments

Qui m'a fait l'honneur de participer à mon jury de thèse. Très sincères remerciements.

-TABLE DES MATIERES-

REMERCIEMENTS..5

TABLE DES MATIERES...7

TABLE DES ILLUSTRATIONS 11

TABLE DES ANNEXES..12

INTRODUCTION..13

PREMIERE PARTIE :
LE PRURIT..15

I.1/ Définition générale...16

    I.1.1/ Définitions vulgaire et scientifique...16

    I.1.2/ Symptome phare en dermatologie...16

        I.1.2.a/ Description..16

        I.1.2.b/ Notions de seuil de prurit et de sommation des effets.............17

I.2/ Mécanismes mis en jeu...18

    I.2.1/ Rappels de la structure et des fonctions de la peau........................18

        I.2.1.a/ Les différentes couches structurales.................................18

        I.2.1.b/ Les fonctions de la peau...19

    I.2.2/ Neurophysiologie et neuroimmunologie du prurit........................21

        I.2.2.a/ Une voie anatomique et fonctionnelle spécifique...................21

        I.2.2.b/ Les médiateurs du prurit. 21

        I.2.2.c/ Prurit et système somatosensoriel cutané. 22

        I.2.2.d/ Caractéristiques des pruricepteurs....................................23

        I.2.2.e/ Détails de la voie de conduction nerveuse...........................23

        I.2.2.f/ Interactions nerfs-cellules.. 24

I.3/ Place du prurit dans la dermatite atopique (DA)...........................26

    I.3.1/ Définition de la dermatite atopique canine (DAC) 26

    I.3.2/ Diagnostic de la DA..26

I.3.2.a/ La dermatite atopique, un diagnostic clinique............................26

I.3.2.b/ Critères diagnostiques..27

I.3.3/ Place du prurit...28

DEUXIEME PARTIE :

METHODES D'EVALUATION DU PRURIT..31

II.1/ Considérations méthodologiques générales................................32

II.1.1/ Quelques définitions..32

II.1.2/ Instruments discriminatif, prédicitif et évaluatif...........................32

II.1.3/ Questions soulevées par la pratique d'évaluations en médecine vétérinaire.....33

II.2/ Les différentes méthodes d'évaluation du prurit...........................34

II.2.1/ Echelles d'évaluation du prurit. 34

II.2.1.a/ Echelles numériques...34

II.2.1.b/ Echelles verbales simplifiées...............................36

II.2.1.c/ Echelles analogiques..38

II.2.1.d/ Comparaison des échelles...................................39

II.2.2/ Moniteurs d'activité et actigraphie..40

II.2.3/ Index et scores de la DAC..41

II.2.4/ Autres méthodes en cours de développement.................................43

II.2.4.a/ Quantification du comportement de grattage chez les souris...........43

II.2.4.b/ Mesure de l'érythème......................................43

TROISIEME PARTIE :

EVALUATION DU PRURIT DANS LES ESSAIS CLINIQUES TESTANT L'EFFICACITE D'UN TRAITEMENT DE LA DERMATITE ATOPIQUE CANINE..45

III.1/ Présentation des articles analysés..46

III.1.1/ Considérations générales...46

III.1.2/ Méthodologie de recherche...47

III.1.3/ Nature des articles analysés..47

III.2/ Les méthodes d'évaluation du prurit utilisées dans ces études.........................48

    III.2.1/ Evaluation de la réponse au traitement...49

    III.2.2/ Echelles numériques et verbales d'évaluation du prurit...........................50

    III.2.3/ Echelles analogiques d'évaluation du prurit..51

    III.2.4/ Scores ou index de gravité de la DAC...52

III.3/ Evolution vers une uniformisation : sur les pas de la médecine humaine............53

    III.3.1/ Evolution chronologique...53

    III.3.2/ La problématique générée par la diversité des méthodes d'évaluation

    du prurit...53

    III.3.3/ Recommandations et évolution vers une standardisation.......................54

CONCLUSION...57

ANNEXES...59

BIBLIOGRAPHIE..74

-TABLE DES ILLUSTRATIONS-

ILLUSTRATION 1 : Structure globale de la peau canine......................................19

ILLUSTRATION 2 : Les structures nerveuses de la peau et leurs fonctions....................20

ILLUSTRATION 3 : Pathophysiologie du prurit, schéma récapitulatif.........................25

ILLUSTRATION 4 : Exemple d'échelle numérique d'évaluation de l'intensité globale du prurit...35

ILLUSTRATION 5 : Exemple d'échelle numérique d'évaluation du prurit....................35

ILLUSTRATION 6 : Exemple d'échelle verbale simplifiée d'évaluation du prurit basée sur des critères comportementaux...36

ILLUSTRATION 7 : Exemple d'échelle verbale simplifiée d'évaluation du prurit basée sur des critères de gravité...37

ILLUSTRATION 8 : Exemple d'échelle analogique d'évaluation de l'intensité globale du prurit...38

ILLUSTRATION 9 : Exemple d'échelle analogique d'évaluation de l'intensité du prurit.....38

ILLUSTRATION 10 : Accéléromètre piezoélectrique Actiwatch® monté sur le collier d'un chien...41

LLUSTRATION 11 : Echelle d'évaluation du prurit avec descriptions sommaires.............50

ILLUSTRATION 12 : Echelle d'évaluation du prurit avec descriptions détaillées............50

-TABLE DES ANNEXES-

ANNEXE 1 : Les différents neuromédiateurs impliqués dans les sensations de prurit, douleur, brûlure……………………..………………………………………..………..60

ANNEXE 2 : Critères diagnostiques pour la dermatite atopique canine proposés par Willemse et Prélaud……………………..…………………………………...……...62

ANNEXE 3 : Critères diagnostiques pour la dermatite atopique canine par Favrot, 2009…..62

ANNEXE 4 : Echelle d'évaluation de l'intensité du prurit, résultant de la combinaison d'une échelle analogique et d'une échelle comprenant des descriptions de gravités et de comportements………………..…………………………………………..63

ANNEXE 5 : Brochure MiniMitter Actiwatch® et Actical®………………………...…64

ANNEXE 6 : Tableau représentant les différentes échelles de gravité de la dermatite atopique humaine et les critères de qualité publiés à leur sujet……………………..…………66

ANNEXE 7 : Index SCORAD (SCOring Atopic Dematitis)………………………...67

ANNEXE 8 : Echelle CADESI-03 (Canine Atopic Dermatitis Extent and Severity Index)…68

ANNEXE 9 : Echelle PICAD (Pruritus Index for Canine Atopic Dermatitis)……………69

ANNEXE 10 : Tableau de synthèse : Evaluation du prurit dans les essais cliniques testant l'efficacité d'un traitement de la dermatite atopique canine…………………………70

-INTRODUCTION-

Le prurit est le motif de consultation le plus fréquent en dermatologie vétérinaire. Il est défini comme une sensation cutanée déplaisante entraînant l'envie immédiate de la soulager par divers comportements dont le grattage, le léchage... Il est associé à un état pénible à vivre par nos animaux auquel s'identifient très facilement les propriétaires de carnivores domestiques. Il est en conséquence un élément crucial de la notion de qualité de vie de ces derniers.

La dermatite atopique existe chez l'homme et chez le chien. C'est une maladie de la peau chronique, prurigineuse et inflammatoire à composante allergique. Le développement de cette maladie et son degré de gravité sont liés à une interaction complexe entre des facteurs génétiques, immunologiques, pharmacologiques et physiologiques. Son taux de prévalence dans la population canine varie de 3 à 30% selon les études [1], cette dermatose étant reconnue comme la seconde cause la plus fréquente de prurit chez le chien. Sa pathogénie complexe et les enjeux médicaux, éthiques et économiques qui en découlent font de la gestion de cette maladie un véritable défi pour les vétérinaires.

De nos jours, trouver des moyens de soulager le prurit de nos patients est devenu un objectif commun aux vétérinaires cliniciens et chercheurs. A l'instar de la douleur, savoir traiter le prurit passe par le fait d'en comprendre les mécanismes et d'être dans la capacité de l'évaluer objectivement. Face à ce dernier point et dans la tendance actuelle à servir une médecine basée sur les preuves, il s'avère nécessaire d'avoir à disposition des méthodes d'évaluation du prurit objectives, pratiques et validées scientifiquement. En effet, c'est un élément essentiel tant dans la pratique clinique avec le recueil des commémoratifs, l'établissement d'un diagnostic initial pour une maladie ou le suivi thérapeutique d'un patient, que dans le domaine de la recherche avec la réalisation d'essais cliniques qui évaluent l'efficacité de traitements. Il a été prouvé, néanmoins, que la gravité du prurit demeurait un paramètre subjectif difficile à mesurer, que ce soit en dermatologie humaine ou vétérinaire.

Pour répondre à cette problématique, nous traiterons dans une première partie de la définition du prurit, des mécanismes neurophysiologiques et neuroimmunologiques qui lui sont associés et de la place qu'il occupe dans le tableau de la dermatite atopique canine. Puis nous détaillerons les différentes méthodes existantes permettant l'évaluation du prurit en dermatologie. Enfin, dans un dernier chapitre, nous nous pencherons sur l'utilisation de ces méthodes dans le domaine de la recherche, en prenant l'exemple des essais cliniques pour la dermatite atopique chez le chien.

-<u>PREMIERE PARTIE</u>-

<u>Le prurit</u>

I.1/ Définition générale

I.1.1/ Définitions vulgaire et scientifique

Prurit est un nom masculin apparu dans la langue française vers 1271 et emprunté au latin *pruritus* "démangeaison", lui-même dérivé de *prurire* « éprouver une démangeaison » [2].

Selon le dictionnaire Larousse, le prurit est une sensation naissant dans la peau et entraînant une envie de se gratter.

Le synonyme est « démangeaison ». Il est également associé au terme « grattage » qui définit lui l'action de gratter ou de se gratter.

En médecine vétérinaire, le prurit peut être défini comme une sensation cutanée déplaisante associée à l'envie immédiate de la soulager par divers comportements, dont le grattage [3].

De manière téléologique, il peut être interprété comme un mécanisme primaire de défense de l'organisme, permettant d'écarter physiquement l'agent potentiellement dangereux, que ce soit un organisme ou un stimulus.

I.1.2/ Signe phare en dermatologie

I.1.2.a/ Description

Le prurit est un des motifs de consultation les plus fréquents chez les animaux de compagnie. C'est un élément non spécifique, associé à un grand nombre de maladies.

En dermatologie, il est très fréquent : il peut être dû à des affections dermatologiques spécifiques, ou bien peut être présent sans évidence clinique d'une maladie de la peau.

On parle de prurit aigu lorsque son apparition est brutale et soudaine et son intensité d'emblée importante, et de prurit chronique lorsque son apparition a tendance à être ancienne avec des symptômes initialement peu marqués mais qui s'aggravent avec le temps.

Chez le chien, le comportement associé au prurit peut se manifester de différentes manières : grattage, frottage, léchage, mordillements, épilation et, à l'occasion, irritabilité et changement de comportement (intolérance, agressivité).

-L'animal peut se gratter à l'aide de ses membres, et en particulier grâce à leurs extrémités distales munies de griffes. Les membres antérieurs lui permettent d'atteindre la région faciale ; les membres postérieurs, plus fréquemment utilisés, les régions cervicale, thoracique et abdominale.

-Il peut également se frotter sur un support. Ce comportement est typiquement observable quand un chien se frotte les flancs contre un mur, ou au cours du signe du traîneau qui consiste en un déplacement du chien en position assise en se traînant grâce à ses antérieurs et lui permettant de se gratter en région péri-anale.

-L'animal peut se secouer, en particulier la tête et les oreilles.

-Enfin, il peut se lécher et se mordiller les régions accessibles, comme l'exrémité distale des pattes, l'abdomen, la région ano-génitale, la ligne du dos en région caudale, la queue.

Le comportement associé au prurit, si intense ou chronique, peut entraîner des lésions dites lésions de grattage. On retrouve des excoriations, de l'érythème, de l'alopécie auto-induite par cassure du poil, une lichénification de la peau.

De nombreux stimuli peuvent être à l'origine de prurit.

I.1.2.b/ Notions de seuil de prurit et de sommation des effets

La notion de seuil de prurit est importante à comprendre. Pour qu'un prurit se déclenche, il faut surpasser l'inhibition de l'interneurone inhibiteur et la tolérance centrale. Selon l'individu, ce seuil varie, ce qui explique les sensibilités différentes d'un individu à l'autre, face à un stimulus qui semble identique. C'est donc une notion individuelle, liée au fait que de nombreux stimuli peuvent contribuer au niveau de prurit chez un animal donné. Peuvent être cités entre autres facteurs les ectoparasites, les levures et les bactéries colonisatrices ; mais également les sensations de froid, chaleur, douleur, stress, anxiété ou l'ennui peuvent modifier la perception du prurit chez l'homme. Le seuil de prurit correspond dès lors au niveau de stimuli qui, une fois atteint, entraîne le déclenchement du prurit et l'apparition des symptômes.

Ainsi, tout individu est capable de supporter un certain nombre de stimuli sans éprouver la nécessité de se gratter. Ce n'est donc que lorsque plusieurs stimuli sont présents en même temps et excèdent le seuil sus décrit que l'animal a envie de soulager ce prurit.

Le concept de sommation des effets permet de comprendre que les différents stimuli s'ajoutent les uns aux autres jusqu'à atteindre le seuil de prurit et qu'une fois ce dernier atteint, l'addition de stimuli supplémentaires ne fait qu'accroître la sensation de prurit. Ainsi, parfois, un stimulus prurigène est-il insuffisant pour déclencher seul le prurit ; si un stimulus d'une autre origine, également insuffisant pour déclencher seul le prurit, s'ajoute au premier, le seuil de prurit va être dépassé et les symptômes vont apparaître.

Notons toutefois que ces notions communément utilisées en dermatologie vétérinaire n'ont jamais été validées ou testées.
[4] [5]

Quand le prurit est présent, l'action de se gratter entraîne la libération de médiateurs de l'inflammation qui induisent à nouveau ou aggravent la démangeaison. On se trouve alors face à la notion de cercle vicieux : le prurit conduit à un comportement de grattage qui renforce la sensation de prurit, et ainsi de suite.
[3]

Face à ces notions générales, nous allons maintenant nous pencher sur les mécanismes précis mis en jeu dans le phénomène du prurit.

I.2/ Mécanismes mis en jeu

I.2.1/ Rappels de la structure et des fonctions de la peau

I.2.1.a/ Les différentes couches structurales [6]

La peau est un organe composé de trois tissus : l'épiderme, le derme et l'hypoderme. L'épiderme est un épithélium pavimenteux, stratifié, kératinisé, composé de kératinocytes dérivés d'une couche basale unique. D'autres cellules particulières sont présentes dans l'épiderme : les cellules de Langerhans , les cellules de Merkel, les mélanocytes. Le derme est un tissu conjonctif lâche contenant des vaisseaux sanguins, lymphatiques, des structures nerveuses et des formations épidermiques : les follicules pileux, les glandes sébacées et sudoripares. L'hypoderme est un tissu conjonctif lâche contenant des adipocytes.

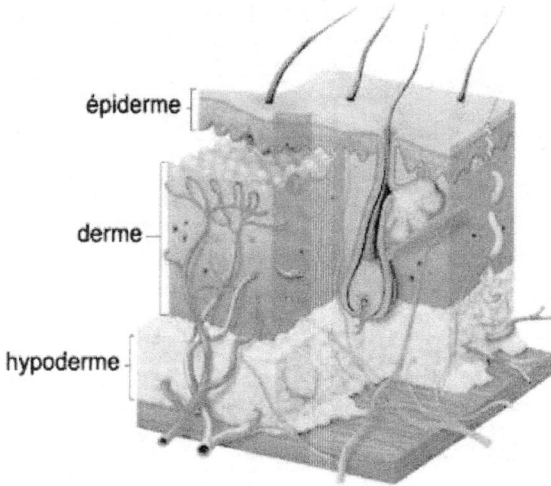

ILLUSTRATION 1 : Structure globale de la peau canine (http://tpecicatrisation.e-monsite.com/rubrique,i-la-peau,482311.html)

I.2.1.b/ Les fonctions de la peau

Les fonctions de la peau sont multiples, indispensables à la vie et complexes.

La peau a tout d'abord un rôle de perception. De nombreuses terminaisons nerveuses sensitives se trouvent dans le derme où les terminaisons libres se fraient un chemin jusque dans l'épiderme. Les autres fibres nerveuses se terminent par des renflements spécialisés permettant de discerner diverses sensations : le toucher, le chaud, le froid, la pression ou le prurit. Ces perceptions ont un intérêt de défense et d'adaptation au milieu environnant [7].

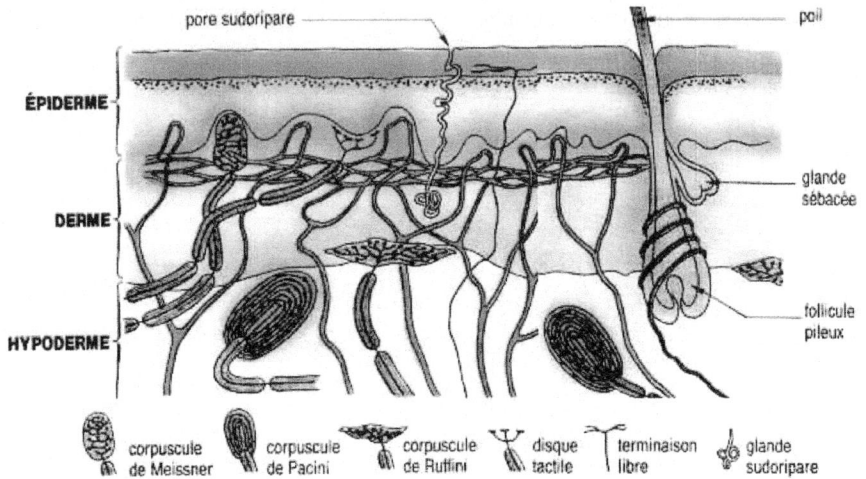

ILLUSTRATION 2 : *Les structures nerveuses de la peau et leurs fonctions*
(www.medicopedia.net):
Terminaisons libres : douleur, température, prurit.
Disques tactiles de Merkel : toucher grossier.
Corpuscules de Ruffini : mécanorécepteurs lents.
Corpuscules de Meissner : mécanorécepteurs rapides.
Corpuscules de Pacini : pression.

Elle est également le siège de la synthèse de la vitamine D et de mécanismes de thermorégulation via le réseau vasculaire étendu qu'elle représente.

La peau a enfin un rôle de défense de l'organisme organisé sur différents plans.

La couche cornée constitue une barrière mécanique entre l'épiderme et l'extérieur. Elle desquame en permanence, ce qui participe en partie à l'élimination d'agents pathogènes à sa surface.

De plus, un film lipidique superficiel est formé par les sécrétions cutanées des différentes glandes (sébacées et sudoripares) et ainsi que des kératinocytes.

D'autre part, le derme est vascularisé, donc il y a un apport de cellules immunitaires par voie sanguine, elles représentent l'immunité générale. Il existe également une immunité spécifique à la peau grâce aux synthèses des kératinocytes.

20

Enfin, la microflore cutanée est constituée par des germes commensaux. Une rupture de cet équilibre permet la prolifération de germes plus ou moins pathogènes.

La peau est donc un organe à l'organisation structurelle et fonctionnelle complexe. C'est au sein de celle-ci que va siéger la sensation de prurit, phénomène dont nous allons dès à présent tenter de comprendre les mécanismes.

I.2.2/ Neurophysiologie et neuroimmunologie du prurit

La physiopathogénie du prurit a été beaucoup étudiée chez l'homme, mais très peu chez les animaux ; aussi, la plupart des études sur lesquelles nous nous baserons dans cette partie est issue de journaux de médecine humaine.

I.2.2.a/ Une voie anatomique et fonctionnelle spécifique

Il a longtemps été pensé que le prurit impliquait la même voie de conduction nerveuse que la douleur. Une hypothèse mettait en avant que l'activation de nocicepteurs non spécifiques, à un faible niveau d'intensité, déclenchait un prurit ; alors que si la fréquence des stimulations augmentait sur ces mêmes récepteurs, c'était une sensation de douleur qui était provoquée. Cependant, il a été montré que l'application de faibles concentrations d'algogènes ne causait généralement pas de prurit, mais seulement une douleur peu intense, et que les mécanismes impliqués ne permettaient pas de passer d'une sensation de démangeaison à une sensation douloureuse. Il est donc communément admis aujourd'hui qu'il existe un systeme neuronal spécifique consacré à la gestion du prurit et que celui-ci est donc gouverné par des voies anatomique et fonctionnelles spécifiques. [3]

I.2.2.b/ Les médiateurs du prurit

Le prurit est déclenché par des médiateurs dont le plus connu est l'histamine, synthétisée principalement par les mastocytes, mais également par les kératinocytes. D'autres substances ont été récemment identifiées comme médiatrices du prurit : sérotonine, acétylcholine, certaines endorphines, la substance P... L'ensemble des différents neuromédiateurs impliqués dans les sensations de prurit, de douleur et de brûlure est détaillé en ANNEXE 1.

Certains de ces médiateurs du prurit sont synthétisés au niveau cutané par les fibres du système nerveux autonome ou parfois par des cellules non nerveuses comme les mastocytes, les macrophages, ou des cellules particulières à la peau comme les kératinocytes, les cellules endothéliales, les cellules de Merkel...

D'autres médiateurs peuvent être produits à distance et parvenir par voie sanguine, soit au niveau de la peau au cours de certaines réactions inflammatoires, soit au niveau du système nerveux central dans le cas des neuropeptides opioïdes. [7]

<u>I.2.2.c/ Prurit et système somatosensoriel cutané</u>

Comme on l'a vu précédemment, l'activité somatosensorielle de la peau met en jeu plusieurs types de récepteurs : des mécanorécepteurs, des thermorécepteurs, des nocicepteurs.

Les nocicepteurs regroupent des fibres Aδ, myélinisées, conduisant l'influx nerveux à 10-20 m/s ; et des fibres C, non myélinisées, conduisant l'influx nerveux à environ 2 m/s.

Parmi les fibres C, 80 % sont considérées comme des nocicepteurs polymodaux : ils répondent aux stimuli mécaniques, chimiques et thermiques, et sont peu ou pas activés par l'histamine. Les 20% restants répondent aux stimuli chimiques mais sont insensibles aux mécaniques. Si une inflammation est présente, ceux-ci peuvent néanmoins devenir réceptifs aux stimuli mécaniques ; ils portent pour cette raison le nom de nocicepteurs silencieux.

Parmi ces fibres C afférentes mécano-insensibles, 20 % ont une réponse forte à l'histamine, ce sont les pruricepteurs.

Le potentiel prurigène des médiateurs de l'inflammation est caractérisé par leur capacité à activer les nocicepteurs C mécano-insensibles histamino-sensibles. Il faut noter que l'activation concomittante des nocicepteurs polymodaux et des nocicepteurs silencieux fait diminuer le prurit. Ainsi, la sensation de prurit est basée à la fois sur l'activation des pruricepteurs et sur la non-activation des nocicepteurs polymodaux et silencieux. [3]

On définit deux types de prurit. Le prurit épicritique : spontané, physiologique, bien localisé, non persistant ; et le prurit protopathique : pathologique, diffus, peu localisé, cuisant.

I.2.2.d/ Caractéristiques des pruricepteurs

Comme nous venons de le décrire, les pruricepteurs sont une sous-population de récepteurs de type C, sensibles uniquement au prurit, activant ensuite des fibres histaminergiques.

Ils ne se rencontrent que dans la peau mais leur localisation précise (derme, épiderme ou jonction) n'est pas connue.

Ils sont caractérisés par une vitesse de conduction lente, des territoires d'innervation larges.

Ils ne répondent pas aux stimuli mécaniques, ont un seuil d'excitation électrique transcutanée élevé, et sont impliqués dans l'apparition d'un érythème par réflexe d'axone. [3]

Notons qu'il a été montré en 2005 chez l'homme qu'un prurit induit expérimentalement n'était pas obligatoirement associé à un érythème. Ceci peut conduire à penser qu'il existe un ou plusieurs autres types de fibres nerveuses impliqués dans le mécanisme neurophysiologique du prurit. [8]

I.2.2.e/ Détails de la voie de conduction nerveuse

Après que les stimuli ont été captés par les pruricepteurs, le signal nerveux est transmis par les voies nerveuses afférentes primaires. Le signal est relayé, via le ganglion spinal de la racine dorsale, par des neurones pruriceptifs spinaux spécifiques situés dans la corne dorsale de la moelle épinière (lamina I), et qui projettent dans le thalamus via la substance grise périaqueducale. [3] (Figure n°3)

Il a été montré que l'intégration cérébrale du prurit chez l'homme se fait via l'activation de différentes aires sensitives, mais aussi affectives et motrices. Sont stimulés en particulier : cortex singulaire antérieur, insula, aires motrices et somesthésiques, lobe pariétal inférieur, surtout dans l'hémisphère gauche [9]. Il existe des zones communes avec les aires d'intégration de la douleur, mais également des différences subtiles qui permettent de distinguer les mécanismes d'activation du prurit et de la douleur [10].

Globalement, il est important de noter que si les voies du prurit et de la douleur sont distinctes, elles sont interconnectées au niveau du système nerveux central. L'activité permanente spontanée des neurones médullaires nociceptifs inhibe l'activité du neurone médullaire responsable du prurit. Ainsi, la sensation de prurit peut être transitoirement soulagée par la génération d'une sensation douloureuse au niveau du même territoire (par exemple pincer jusqu'à la douleur une zone prurigineuse peut diminuer le prurit). À l'inverse, certains antalgiques forts comme les morphiniques peuvent provoquer une sensation de prurit. Ceci s'explique par une levée partielle ou complète de l'inhibition tonique par les neurones nociceptifs [7].

I.2.2.f/ Interactions nerfs-cellules.

Le réseau neuronal afférent et efférent est complexe au sein de la peau. Ces neurones interagissent avec de nombreux neuromédiateurs : neurotransmetteurs, neuropeptides, neurotrophines. Certaines fibres C se projetant dans l'épiderme, on peut aisément comprendre que des neuromédiateurs peuvent directement communiquer avec des cellules de Langherans et des kératinocytes, et inversement.

Ainsi, en cas de perturbations cutanées (modification du pH, traumatisme, inflammation, infection, exposition aux rayons ultra-violet), des terminaisons nerveuses peuvent être stimulées, induisant ainsi un prurit. Après stimulation par des facteurs déclenchants, les kératinocytes sont capables de relarguer des médiateurs pruritiques, mais également antipruritiques. [3]

Les mastocytes sont de la même manière des cellules relais. Il existe des interactions entre nerfs et mastocytes, et ces derniers sont impliqués à la fois dans l'activation et dans l'interruption du prurit. Il existe donc un contrôle du prurit à médiation mastocytaire.

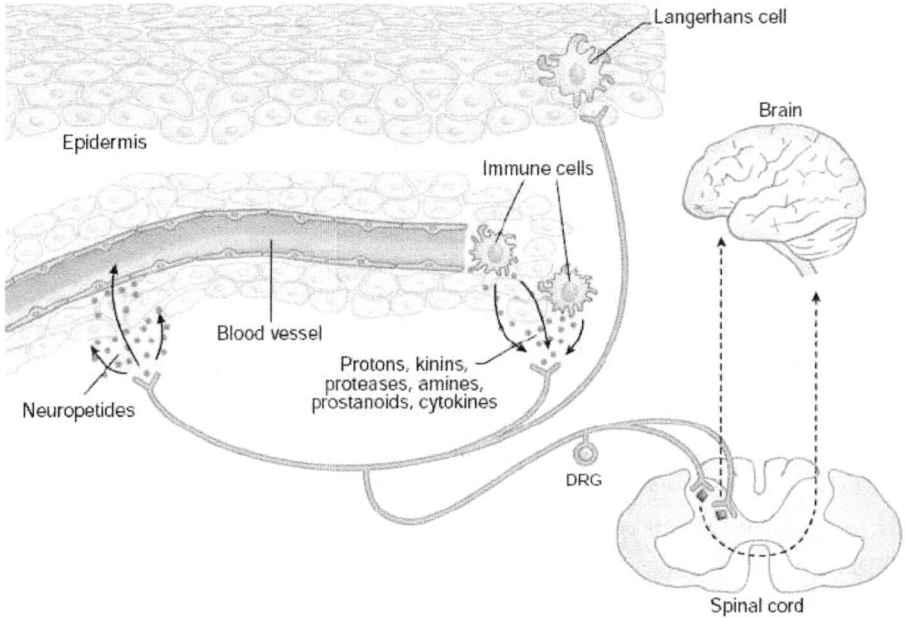

ILLUSTRATION 3 : *Pathophysiologie du prurit, schéma récapitulatif* [3]

Des facteurs endogènes et exogènes sécrétés par des cellules immunitaires, épithéliales ou endothéliales induisent l'activation de cascades de la périphérie jusqu'au système nerveux central, en passant le ganglion de la racine dorsale et la moëlle spinale. L'activation de zones spécifiques du système nerveux central résulte en la perception de la démangeaison, conduisant à un comportement de grattage. Par un méchanisme de réflexe d'axone direct, les terminaisons nerveuses sensorielles relarguent des neuropeptides qui peuvent aggraver la démangeaison en stimulant la sécrétion de médiateurs du prurit par les mastocytes, les cellules endothéliales et épithéliales. Le fait que des neuropeptides puissent également stimuler la sécrétion d'agents antipruritiques par ces cellules et pour le moment toujours mal compris.

A l'heure actuelle des connaissances, force est de constater que les mécanismes du prurit chez l'homme sont spécifiques, complexes et non totalement élucidés. Il est de plus important de préciser que la transposition de ces données aux carnivores domestiques n'est pour l'instant que de l'ordre de la supposition.

Tentons maintenant de nous intéresser à la place qu'occupe le prurit dans la maladie de la dermatite atopique canine.

I.3/ Place du prurit dans la dermatite atopique (DA)

I.3.1/ Définition de la dermatite atopique canine (DAC)

La DAC a été redéfinie récemment comme une maladie de peau chronique prurigineuse et inflammatoire d'origine allergique. Elle connaît une prédisposition génétique et est associée à une altération de la barrière cutanée ainsi qu'à la production d'anticorps IgE dirigés contre des allergènes environnementaux. [11] [12]

La DA fait partie du tableau clinique plus large de la maladie atopique qui regroupe d'autres atteintes : digestives, respiratoires, ORL. Elle désigne donc plus précisément les manifestations inflammatoires cutanées récidivantes associées à la maladie atopique.

I.3.2/ Diagnostic de la DA

I.3.2.a/ La dermatite atopique, un diagnostic clinique

Chez l'homme ou chez le chien, il n'existe pas de critère clinique pathognomonique permettant d'établir un diagnostic définitif de dermatite atopique à partir de l'examen clinique initial du patient et du recueil des commémoratifs.

La dermatite atopique se diagnostique donc suite à l'observation de différents signes cliniques évocateurs associés, et à l'élimination des autres maladies entrant dans son diagnostic différentiel. C'est avant tout un diagnostic d'exclusion, basé sur l'examen clinique. Il n'existe aucun élément pouvant confirmer avec certitude ce diagnostic. Le seul moyen de diagnostiquer un état d'hypersensibilité sans aucune équivoque serait peut être un test de provocation dans lequel l'exposition contrôlée à des allergènes engendrerait des signes cliniques explicites ; de telles manipulations seraient au mieux très difficiles à mettre en pratique, au pire dangereuses pour le patient. Un test a été proposé chez l'homme comme une méthode de diagnostic objective de cette maladie : l' « Atopy Patch Test » (APT) permettrait d'observer des lésions typiques suite à l'exposition épicutanée à des allergènes. Des études sont en cours dans l'espèce canine pour démontrer son utilité en dermatologie vétérinaire. [13] [14]

I.3.2.b/ Critères diagnostiques

Une première liste de critères diagnostiques a été inspirée de la médecine humaine et extrapolée à l'espèce canine par Willemse en 1986 et 1988. Elle comportait des critères majeurs et mineurs et a longtemps été utilisée dans l'évaluation de chiens potentiellement allergiques, malgré le fait qu'aucun caractère de sensibilité ou de spécificité n'y ait été associé [13] [15] (ANNEXE 2).

La réévaluation des ces critères par Prélaud *et al.* (1998) a permis d'établir une liste de cinq critères diagnostiques majeurs ; la présence de trois critères sur ces cinq permettrait d'aboutir à une sensibilité et une spécificité diagnostiques de 80% [13] [15] .(ANNEXE 2)

Par la suite, le Collège Américain de Dermatologie Vétérinaire (ACVD) a déterminé des critères de consensus en 2001 [16] : un prurit débutant à un âge jeune, pouvant être saisonnier ; des lésions impliquant principalement la face, les extrémités, les plis axillaires et l'abdomen. Des controverses persistent à propos des prédispositions raciales et sexuelles, ainsi que sur la nature des lésions rapportées. Une fois la maladie suspectée, tout le monde s'accorde à dire qu'il reste néanmoins nécessaire d'exclure les autres éléments du diagnostic différentiel de manière rigoureuse et exhaustive. Sont généralement inclus dans celui-ci : autres dermatoses allergiques (dermatite allergique aux piqures de puces, hypersensibilité alimentaire) ; acarioses prurigineuses (dont la gale sarcoptique) ; folliculite bactérienne, dermatite à *Malassezia* ; et moins fréquemment troubles de la cornéogenèse et dermatites de contact [13].

Enfin, en 2009, Favrot *et al.* [17] ont publié une étude faite sur une population très importante de chiens et ont ainsi pu définir un nouvel ensemble de critères dont le tableau récapitulatif original est disponible en ANNEXE 3 :

1- Apparition des signes cliniques avant l'âge de trois ans
2- Chien vivant principalement à l'extérieur
3- Prurit glucocortico-sensible
4- Prurit *sine materia* au départ, c'est-à-dire sans lésion cutanée spécifique
5- Atteinte des extrémités distales antérieures

6- Atteinte du pavillon de l'oreille

7- Absence d'atteinte des marges de l'oreille

8- Absence d'atteinte de la région dorso-lombaire

L'existence dans un tableau clinique de cinq de ces critères aurait une spécificité de 79% et une sensibilité de 85% pour différencier les chiens atteints de DA de ceux atteints d'une autre affection ; ces caractéristiques cumulées seraient plus discriminantes que celles des critères précédemment décrits qui ont été recalculées dans l'étude sur la même population canine.

I.3.3/ Place du prurit

Le prurit occupe une place centrale dans le tableau clinique de la DA. Il est un des critères diagnostiques principaux et connaît des caractéristiques précises quant à sa nature, les conditions de son apparition, sa distribution. Il est en effet reconnu pour être, dans cette maladie, corticosensible, apparaissant à un jeune âge, pouvant être *sine materia* c'est-à-dire sans lésion cutanée spécifique, et connaissant une distribution particulière (face, extrémités, plis, abdomen, et généralisé dans 40% des cas) [16].

Face à une telle notion, le vétérinaire se retrouve confronté à la difficulté d'un diagnostic différentiel élargi, dans lequel rentrent de nombreuses affections dermatologiques prurigineuses. D'autre part, le prurit en lui-même peut compliquer le tableau clinique d'origine suite à l'apparition de lésions de grattage ; il est dès lors délicat de réussir à différencier lésions primaires et secondaires. Enfin, son intensité est variable : elle est modulée par le caractère chronique, le degré de déficience de la barrière cutanée, la nature qualitative et quantitative des allergènes de l'environnement et les facteurs aggravants que sont les ectoparasites, les infections cutanées, une hypersensibilité alimentaire ou des stimuli physiques qui contribuent à l'inflammation. C'est le prurit qui conditionne les principes de traitement dans le but de le ramener à un niveau acceptable pour le confort du chien et du propriétaire.

Le prurit étant l'élément clé que nous venons de décrire, il est facile de comprendre que son évaluation objective est nécessaire pour plusieurs raisons. En tant que signe incontournable de la maladie, son évaluation permet de noter l'évolution de la maladie et la réponse à la démarche thérapeutique. Il est, de plus, une donnée facilement observable et rapportable par le propriétaire. Enfin, c'est un élément crucial du confort de vie à la fois du chien et du propriétaire.

Au terme de cette première partie, il est important d'observer que le prurit est une notion phare en dermatologie, en particulier dans la DA, tant par son caractère omniprésent que par les répercussions qu'il a sur la vie des patients. Ses mécanismes sont complexes et ne sont pas encore compris dans leur totalité. Tout cela fait du prurit un signe critique à aborder et l'on comprend dès lors la nécessité d'avoir la possibilité de l'évaluer de manière sûre afin d'améliorer la prise en charge de cette maladie chez le chien. C'est dans ce but que nous aborderons dans la deuxième partie les méthodes d'évaluation du prurit.

-DEUXIEME PARTIE-

Les méthodes d'évaluation du

prurit

II.1/ Considérations méthodologiques générales

II.1.1/ Quelques définitions

Mesurer est un procédé par lequel on lie des concepts abstraits à des indicateurs empiriques. Les mesures, ou indicateurs, sont observables ; les concepts sont sous-jacents et non observables. On définit des qualités nécessaires à toute procédure de mesure, ou instrument de mesure que sont la fiabilité et la validité [18].

Tout outil de mesure doit pouvoir être considéré comme fiable et validé dans sa capacité à mesurer précisément un phénomène. [19]

La fiabilité, ou fidélité, est la caractéristique qui permet d'obtenir le même résultat en mesurant un même phénomène plusieurs fois ; elle repose sur la définition de ce qui est répétable et reproductible.

La répétabilité est l'accord existant entre plusieurs résultats de mesure, dans des conditions identiques. Elle correspond à la fiabilité intra-observateurs ou test-retest.

La reproductibilité est l'accord existant entre des résultats de mesures faites par des observateurs différents, ou lorsque les conditions varient. Elle correspond à la fiabilité inter-observateurs [20].

La validité concerne le lien entre les résultats de mesure et les concepts sous-jacents [18]. Elle est la capacité d'un outil à mesurer ce qu'il est censé mesurer, et pas autre chose [19].

D'autres paramètres considérés comme importants dans la réalisation d'une méthode de mesure sont la faisabilité et l'interprétabilité des résultats [19].

II.1.2/ Instruments discriminatif, prédicitif et évaluatif

Par extension avec ce que l'on peut retrouver dans l'évaluation de la qualité de vie des animaux [21], on peut décrire trois types d'instruments de mesure d'un paramètre x chez le chien.

-   Un instrument discriminatif permet de quantifier les différences entre des individus au sujet d'un paramètre donné, à un moment donné, sans intervention de facteurs externes. Les désavantages sont que la mesure du paramètre n'est pas directement réalisable et qu'aucun étalon n'est défini.

32

- Un instrument prédictif est utilisé en comparaison avec une mesure étalon. Il permet d'évaluer les effets potentiels de facteurs externes sur un paramètre donné de l'animal ; il permet de catégoriser les individus et est à visée pronostique.
- Un instrument évaluatif, enfin, permet d'estimer les changements d'un paramètre donné en fonction du temps. De telles mesures sont utilisées dans l'évaluation de l'efficacité d'un traitement ainsi que dans l'élaboration d'essais cliniques. C'est ce dernier type qui va nous intéresser dans l'étude des méthodes d'évaluation du prurit dans les essais cliniques sur la DAC.

II.1.3/ Questions soulevées par la pratique d'évaluations en médecine vétérinaire

Il est établi que le prurit est une sensation : un phénomène interne, perçu par un individu, traduisant la stimulation d'un de ses organes récepteurs (Larousse). On peut ainsi facilement imaginer que son évaluation pourrait reposer sur l'expression du ressenti du patient. Or la problématique que le vétérinaire rencontre face à un patient animal est comparable à celle des médecins face à des patients humains connaissant des limites communicatives et cognitives, ne pouvant pas fournir de renseignements sur eux-mêmes, tels que les personnes handicapées mentales, les nourrissons ou les jeunes enfants. Dans les deux cas, le manque de langage expressif et réceptif ainsi que des différences dans les états cognitif et de conscience sont des éléments importants à prendre en considération. [21]

En d'autres termes, un chien est-il conscient d'éprouver une démangeaison ? Comment traite-t-il cette information ? Est-il capable d'en exprimer le ressenti, d'en qualifier et d'en quantifier la nature, et ce dans quel langage ?

D'autre part, pour évaluer un paramètre comme le prurit chez un chien, il semble important d'associer la participation de différentes personnes de proximité. Parmi ces référents, le propriétaire connaît bien son chien, ses habitudes, son comportement au quotidien ; le vétérinaire, lui, apporte ses connaissances au sujet de la santé physique du chien. Cependant, le point de vue de ces personnes ne sera jamais le « point de vue » du chien. Par exemple, il a été montré en médecine humaine que les professionnels de santé étaient de bons estimateurs des fonctions physiques et physiologiques, mais pouvaient avoir tendance à mésestimer la qualité de vie globale des patients [22]. En médecine vétérinaire, la difficulté supplémentaire est que l'on estime un paramètre chez un individu d'une autre espèce. Dès lors, faire de l'anthropomorphisme est un risque. Il semble néanmoins envisageable que, forts d'informations sur le comportement spécifique canin, les propriétaires soient capables de rapporter de manière fiable des éléments concrets et bien observables, tels que le comportement de grattage [21].

II.2/ Les différentes méthodes d'évaluation du prurit

Un niveau de prurit normal peut être défini comme celui pour lequel la plupart des propriétaires n'estiment pas nécessaire de demander un avis vétérinaire pour leur chien. On comprend alors que la mesure du prurit intervient dans un contexte médicalisé, et nous nous concentrerons sur l'exemple, en dermatologie vétérinaire, de la DAC.

L'évaluation du prurit est un élément indispensable du recueil des commémoratifs au cours du diagnostic initial de la DA ou pour le suivi du traitement. De même, dans les essais cliniques pour la DA, c'est un élément de mesure majeur quand il faut évaluer l'efficacité d'un médicament.

Cependant, cela reste un paramètre difficile à évaluer, que ce soit en dermatologie humaine ou vétérinaire. En effet, le prurit reste une donnée subjective, ressentie par le patient humain et observée par les propriétaires de chien et trouver des méthodes objectives de son évaluation constitue un véritable challenge.

II.2.1/ Echelles d'évaluation du prurit

II.2.1.a/ Echelles numériques

Les échelles numériques regroupent des nombres entiers positifs. Soit chaque nombre identifie des descriptions de prurit d'intensités variables [20] ; soit le premier et le dernier nombres décrivent des gravités de prurit extrêmes [23]

**Overall level of
itchiness**

0 – Absent
1 – Mild
2 – Mild-moderate
3 – Moderate
4 – Moderate-severe
5 – Severe

*ILLUSTRATION 4 : Exemple d'échelle numérique d'évaluation de l'intensité globale du
prurit. [20]*

Absent ; 1- Faible ; 2- Faible moyen; 3- Moyen ; 4- Moyen intense ; 5- Intense

The numerical scale

If 0 is not itching more than a normal dog, and 5 is the worst itching that you
can imagine, how would you score your dog?

Itching includes scratching, biting, licking, chewing, rubbing

ILLUSTRATION 5 : Exemple d'échelle numérique d'évaluation du prurit. [23]
*Si 0 correspond au cas où votre chien de se démange pas plus qu'un chien normal, et 5 au cas
où il a les pires démangeaisons que vous puissiez imaginer, quelle note lui donneriez vous ?
Se démanger incluant les actions de se gratter, se mordre, se lécher, se mordiller, se frotter.*

Les descriptions utilisées dans les échelles numériques ne sont pas standardisées. Elles
peuvent mettrent l'accent sur l'intensité du prurit, sa durée, les deux caractéristiques ou même
aucune des deux [20]. Enfin, elles ne prodiguent pas aux propriétaires d'indications détaillées
afin de les guider dans la détermination d'un niveau précis [23].

L'étude de la fiabilité de ce type d'échelles chez le chien a montré que la répétabilité
intra-observateurs était bonne mais variait beaucoup selon les observateurs ; que la
reproductibilité inter-observateurs était faible, en particulier pour des prurits d'intensité
moyenne. Cette échelle s'est finalement avérée valable, mais son niveau de validité a été
évalué comme insuffisant pour l'attribution de scores médicaux. Par conséquent, il a été
conclu que l'interprétation de résultats de recherche évaluant l'intensité du prurit avec des
échelles numériques devait être considérée comme d'efficacité suboptimale. [20]

II.2.1.b/ Echelles verbales simplifiées

Ces échelles regroupent un ensemble de plusieurs descriptions de prurit d'intensité variable. Il en existe différentes formes, basées généralement sur des critères comportementaux ou de gravité.

The behaviour-based scale

Which of the following best describes your dog's level of itching?
Itching includes scratching, biting, licking, chewing, rubbing

- Normal dog
  Not itching more than before the disease began

- Occasional episodes of itching
  Marginal increase in itching compared with before the disease began

- More frequent episodes of itching when the dog is awake
  No itching when sleeping, eating, playing, exercising or otherwise distracted

- Regular episodes of itching occur when the dog is awake
  Itching may occur at night or wake the dog up
  No itching when eating, playing, exercising or otherwise distracted

- Prolonged episodes of itching occur when the dog is awake
  Itching may occur at night or wake the dog up
  Itching may also occur when the dog is eating, playing, exercising or being distracted

- Almost continuous itching
  Itching does not stop when the animal is distracted, even in the consulting room (the dog needs to be physically restrained from itching)

ILLUSTRATION 6 : Exemple d'échelle verbale simplifiée d'évaluation du prurit basée sur des critères comportementaux. [23]

Laquelle de ces propositions décrit le mieux le niveau de démangeaison de votre chien ? Se démanger incluant les actions de se gratter, se mordre, se lécher, se mordiller, se frotter.
-Chien normal : pas plus de démangeaisons qu'avant le début de la maladie.
-Episodes occasionnels de démangeaisons : augmentation marginale des démangeaisons par rapport à avant la maladie.
-Episodes plus fréquents de démangeaisons quand le chien est réveillé : ne se démange pas quand il dort, mange, joue, fait de l'exercice, ou est diverti d'une autre manière.
-Episodes réguliers de démangeaisons qui surviennent quand le chien est réveillé : les démangeaisons peuvent se rencontrer la nuit ou réveiller le chien. Pas de démangeaison quand il mange, joue, fait de l'exercice, ou est diverti d'une autre manière.

-Episodes prolongés de démangeaisons qui surviennent quand le chien est réveillé : les démangeaisons peuvent se rencontrer la nuit ou réveiller le chien. Des démangeaisons peuvent se rencontrer également quand il mange, joue, fait de l'exercice, ou est diverti d'une autre manière.

-Démangeaisons presque continues : les démangeaisons ne s'arrêtent pas quand l'animal est diverti, et ce même dans la salle de consultation (le chien a besoin d'être retenu physiquement pour ne pas se gratte).

The basic severity scale

Which of the following best describes your dog's level of itching?
Itching includes scratching, biting, licking, chewing, rubbing

- Not itching more than a normal dog
- Very mild itching
- Mild itching
- Moderate itching
- Severe itching
- Extremely severe itching

ILLUSTRATION 7 : Exemple d'échelle verbale simplifiée d'évaluation du prurit basée sur des critères de gravité [23]

Laquelle de ces propositions décrit le mieux le niveau de démangeaison de votre chien ? Se démanger incluant les actions de se gratter, se mordre, se lécher, se mâchouiller, se frotter.

> *-Ne se démange pas plus qu'un chien normal*
>
> *-Se démange très faiblement*
>
> *-Se démange faiblement*
>
> *-Se démange moyennement*
>
> *-Se démange intensément*
>
> *-Se démange extrêmement intensément*

Elles prodiguent aux propriétaires des informations précisent sur lesquelles ils peuvent baser leur décision ; cependant ce sont des échelles dites catégorielles, c'est-à-dire que les données produites sont discontinues, catégoriques et les propriétaires peuvent parfois souhaiter évaluer leur chien dans une catégorie intermédiaire. Les données générées par de telles échelles ne peuvent être analysées qu'avec des tests statistiques non paramétriques. [23]

II.2.1.c/ Echelles analogiques

Une échelle analogique correspond à une ligne, horizontale ou verticale, dont les extrémités sont annotées avec des descriptions d'intensités de prurit extrêmes.

No itchiness

ILLUSTRATION 8 : Exemple d'échelle analogique d'évaluation de l'intensité globale du prurit. [20]
(En haut : Pas de démangeaison – En bas : Démangeaison intense)

Severe itchiness

The visual analogue scale

On the following line, draw a mark at the point you think your dog's level of itching lies
Itching includes scratching, biting, licking, chewing, rubbing

Extremely itchy – scratching, chewing, licking or rubbing constantly

Not itchy – not scratching, chewing, licking or rubbing more than a normal dog

ILLUSTRATION 9 : Exemple d'échelle analogique d'évaluation de l'intensité du prurit. [23]
Sur la ligne ci-dessous, dessiner une marque à l'endroit où vous pensez que le niveau de démangeaison de votre chien se situe. Se démanger incluant les actions de se gratter, se mordre, se lécher, se mordiller, se frotter.

(En bas : Pas de démangeaison. Ne se gratte pas, ne se mordille pas, ne se lèche pas ou ne se frotte pas plus qu'un chien normal.
En haut : Se démange de manière extrême. Se gratte, se mordille, se lèche, se frotte constamment.)

La note de l'observateur sur la ligne est mesurée à partir de l'extrémité représentant l'absence de prurit. Si l'on obtient une gamme de valeurs continues, le prurit n'est cependant pas mesuré directement. Les échelles analogiques doivent donc de ce fait être analysées à l'aide de méthodes appropriées aux valeurs ordinales. [20]

Les descriptions utilisées dans les échelles analogiques, comme pour les échelles numériques, ne sont pas standardisées. De même, elles ne prodiguent pas non plus aux propriétaires d'indications détaillées afin de les guider dans la détermination d'un niveau précis.

Les facteurs intrinsèques pouvant affecter la fiabilité d'une telle échelle sont : l'âge de l'observateur, son acuité visuelle, son expérience quant à la manipulation de l'outil et l'orientation de la ligne (horizontale ou verticale).

De même que pour les échelles numériques, l'étude de la fiabilité de ce type d'échelles chez le chien a montré que la répétabilité intra-observateurs était bonne mais variait beaucoup selon les observateurs ; que la reproductibilité inter-observateurs était faible en particulier pour des prurits d'intensité moyenne. Cette échelle s'est finalement avérée valable, mais son niveau de validité a été évalué comme insuffisant pour l'attribution de scores médicaux. Par conséquent, il a été conclu que l'interprétation de résultats de recherche évaluant l'intensité du prurit avec des échelles analogiques devait être considérée comme d'efficacité suboptimale. [20]

II.2.1.d/ Comparaison des échelles

En 2007, un comparatif de l'utilisation de quatre échelles comme décrites ci-dessus a été réalisé, permettant à des propriétaires de fournir une évaluation semi-quantitative du niveau de prurit de leur chien [23]. Il a été montré que les scores obtenus avec les différentes échelles étaient hautement corrélés entre eux. Par contre, l'échelle comprenant des descriptions de comportements a fourni des scores significativement plus bas que pour les autres échelles ; cela suggère qu'en l'absence de critères précis sur lesquels baser leur décision, les propriétaires ont tendance à surestimer le niveau de prurit de leur chien. Enfin, en utilisant une échelle analogique, les propriétaires évitent fréquemment les deux extrémités, même s'ils ont pu évaluer leur chien dans les plus hautes ou plus basses catégories des autres échelles.

De cette étude a été élaborée une nouvelle échelle d'évaluation combinant les caractéristiques d'une échelle analogique et d'une échelle comprenant des descriptions de gravités et de comportements. Celle-ci a été démontrée comme facile d'utilisation, répétable [23] et jugée comme un instrument efficace pour déterminer le statut clinique des patients et pour juger de la réponse thérapeutique dans les essais cliniques [24]. (ANNEXE 3)

Notons toutefois que, d'une manière générale, les échelles numériques, quel qu'en soit le type, n'en restent pas moins des méthodes subjectives d'évaluation du prurit.

II.2.2/ Moniteurs d'activité et actigraphie

En médecine humaine, les dermatologues ont développé et évalué des techniques permettant de mesurer objectivement le prurit chez leurs patients. Parmi celles-ci, on peut citer les analyses vidéo des comportements de prurit nocturne et l'actigraphie, ou actimétrie [25].

L'analyse vidéo consiste en l'observation de films infrarouges concernant le comportement des patients la nuit. Les différents mouvements induits par un prurit et le temps cumulé qu'ils durent sont mesurés. C'est une méthode chronophage, et souvent difficile à mettre en pratique, en particulier pour des patients canins [25].

La méthode actigraphique est par contre fréquemment utilisée chez l'homme. Elle correspond à la mesure de mouvements par un accéléromètre piezoélectrique et à leur enregistrement, l'ensemble du dispositif étant monté en bracelet autour du poignet. Les résultats ainsi obtenus corrèlent avec l'observation des démangeaisons, les scores lésionnels et les taux de cytokines inflammatoires [26]. Cette méthode semble plus adaptable à l'utilisation sur des patients canins dès lors que les dispositifs de mesure peuvent être montés sur un collier classique. En effet, la relative mobilité de la peau des chiens permettrait aux moniteurs d'activité d'enregistrer les mouvements relatifs à un comportement de grattage que sont la mobilisation des membres, le léchage, le frottage, le mordillement [26].

ILLUSTRATION 10 :
Accéléromètre piezoélectrique
Actiwatch® monté sur le collier
d'un chien.
www.mini-mitter.com

En médecine vétérinaire, deux études se sont penchées sur l'utilisation de colliers moniteurs d'activité chez le chien. Il a été démontré que cette méthode fournissait des mesures objectives dans l'évaluation du prurit canin dans un environnement familier. En effet, elle a été capable de détecter des taux d'activité pendant des périodes de non-exercice plus élévés chez des chiens atteints de dermatite atopique que chez des chiens sains [26]. D'autre part, la durée des manifestations du prurit nocturne, déterminée par analyses vidéo, a été décrite comme hautement corrélée aux mesures de mouvements par un système d'accéléromètre piezoélectrique [25].

Ceci laisse présager d'une possible utilisation pratique de cette méthode en dermatologie vétérinaire, mais d'autres études sont nécessaires au préalable afin de déterminer sa fiabilité et sa validité.

Une brochure explicative de la société MiniMitter® présente les moniteurs utilisés dans les études [26] et [25] en annexe 4.

II.2.3/ Indices et scores de la DA

En dermatologie, il existe très peu de tests laboratoires visant à évaluer la gravité d'une maladie à l'aide de marqueurs biologiques. Ainsi, à défaut d'avoir des outils objectifs permettant de mesurer des symptômes, il est fréquent que soit utilisé un ensemble d'indices ou scores visant à évaluer des éléments subjectifs et objectifs. Des paramètres comme la qualité de vie, la perturbation du sommeil ou le prurit, associés à des caractéristiques lésionnelles telles que l'érythème, les excoriations ou l'exsudation sont en effet de bons indicateurs de la gravité des maladies inflammatoires chroniques de la peau [27]. Ces scores cliniques forment la base de nombreuses échelles de gravité de la dermatite atopique.

En médecine humaine, on décrit plus de treize indices de ce type parmi lesquelles : Severity Scoring of Atopic Dermatitis (SCORAD) ; Eczema Area and Severity Index (EASI) ; Costa's Simple Scoring System (SSS) ; Six-Area, Six-Sign Atopic Dermatitis (SASSAD) etc. La seule méthode ayant été complètement validée parmi ces treize est l'index SCORAD [27] (ANNEXE 5). Ce dernier est un index complexe, associant l'évaluation de six critères cliniques (érythème, lichénification, excoriations, sécheresse cutanée, papules/oedèmes, croûtes/exsudation), l'extension globale des lésions et enfin l'intensité du prurit et son influence sur la qualité de vie [28] (ANNEXE 6)

En médecine vétérinaire, un indice a été décrit en 1997 sur le modèle du SCORAD : la première version du Canine Atopic Dermatitis Extent and Severity Index (CADESI) [29]. Il combinait l'évaluation de quatre degrés de gravité (absent (1), modéré (2), moyen (3), grave (4)) pour chacun des trois signes phares de la DAC (érythème, excoriations, lichénification) à chacune des vingt-trois différentes régions du corps décrites. Ces lésions cutanées étaient alors définies comme des marqueurs du caractère aigu (pour l'érythème), chronique (pour la lichénification), et prurigineux (pour les excoriations) des lésions de la DAC. Le score maximal obtenu pouvait être alors de 207 [12].
En 2002, le même groupe d'auteurs ont décrit une deuxième version de l'indice (CADESI-02) [30] [31], montant à quarante le nombre de régions examinées et 360 le score maximal pouvant être obtenu [12].
Enfin, une troisième version (CADESI-03) a été proposée suite au regroupement du comité International Task Force on Canine Atopic Dermatitis de 2004 à 2006. Cette dernière révision consistait en l'ajout d'un cinquième degré de gravité, d'un autre type de lésion, à savoir l'alopécie auto-induite qui évalue aussi le prurit, et l'extension de l'observation à soixante-deux régions du corps différentes, pour un score maximal pouvant être obtenu de 1240 [12] (ANNEXE 7).
La reproductibilité de la première version de cet indice a été partiellement démontrée en 2005. En effet, les paramètres « érythème » et « lichénification » on été montrés reproductibles, contrairement au critère « excoriations » [28]. La version CADESI-03 a elle été rapportée comme valable sur son contenu, sa construction, la reproductibilité inter- et intra-examinateurs et sa sensibilité. De plus, des valeurs seuils ont été proposées afin de déterminer quatre catégories de gravité de la DAC. Les valeurs 16, 60 et 120 ont été définies aux

interfaces des intensités « rémission », « modérée », « moyenne », « grave », définissant ainsi une DAC en rémission : 0-15 ; DAC modérée : 16-59 ; DAC moyenne : 60-119 ; DAC grave : ≥ 120 [32].

Le CADESI est à ce jour le seul indice de gravité de la DAC en cours de validation décrit en médecine vétérinaire. Il existe d'autres systèmes de score utilisés individuellement et sporadiquement dans des articles sur la DAC, comme par exemple les Lesional Index for Canine Atopic Dermatitis (LICAD) et Pruritic Index for Canine Atopic Dermatitis (PICAD, illustré en ANNEXE 8) dans [33], mais aucun n'a été validé scientifiquement.

II.2.4/ Autres méthodes en cours de développement

II.2.4.a/ Quantification du comportement de grattage chez les souris

En 2004, une équipe de médecine humaine a décrit un nouveau système analytique de quantification du comportement de grattage chez des souris [34]. Cette méthode repose sur la mesure, au cours du temps, de la distance entre les membres postérieurs et la nuque de souris, sur qui ont été réalisé des injections intra-dermiques dans la zone cervicale. A l'aide d'enregistrements vidéo, cette distance a été mesurée en continu en utilisant un système analyseur d'images. Cette méthode a été évaluée comme un outil précis de quantification du comportement de grattage chez les souris. Elle reste cependant expérimentale et pour l'instant non rapportée chez d'autres espèces.

II.2.4.b/ Mesure de l'érythème

En mai 2010, une équipe vétérinaire a tenté de démontré une corrélation entre des scores de prurit chez 107 chiens avec l'intensité de l'érythème rencontré dans 72 régions de leurs corps [35]. Les deux paramètres se sont révélés corrélés statistiquement parlant. Cependant, aucune corrélation valable sur les plans biologique et clinique n'a pu être mise en évidence. En effet, certains chiens pouvaient avoir un haut score de prurit associé à un score érythème bas, et inversement. Cette étude soulève donc des questions sur ce type d'évaluation dans les essais clinique. Gardons cependant à l'esprit que l'érythème reste uniquement une manifestation du caractère aigu des maladies dermatologiques.

A ce stade de l'étude, on ne peut que convenir de l'existence de diverses méthodes d'évaluation du prurit chez le chien. La plupart sont dérivées de méthodes de médecine humaine, même si ces dernières ne sont réciproquement pas toutes adaptables à des patients canins. Il n'en reste pas moins que chacune présente ses avantages et ses inconvénients, et que seulement une minorité est validée scientifiquement. Dès lors, on peut s'interroger sur la pertinence qu'elles apportent aux démarches cliniques et thérapeutiques en clientèle ? De même, comment ces méthodes sont-elles utilisées dans les procédés de recherche en dermatologie vétérinaire ? Nous tenterons d'apporter des éléments de réponse à cette dernière question dans la troisième partie en s'appuyant sur l'exemple des essais cliniques évaluant le traitement de la DAC.

-TROISIEME PARTIE-

Evaluation du prurit dans les essais cliniques testant l'efficacité d'un traitement de la dermatite atopique canine

Dans cette troisième partie, nous allons nous attacher à analyser les méthodes d'évaluation du prurit utilisées en recherche dermatologique vétérinaire. Pour ce faire, nous nous pencherons plus particulièrement sur les essais thérapeutiques concernant la dermatite atopique canine.

III.1/ Présentation des articles analysés

III.1.1/ Considérations générales

La DAC est une maladie très étudiée en médecine vétérinaire. En effet, cette maladie connaît une grande complexité pathogénique. D'autre part, elle a une grande importance au sein de la population canine, tant par sa prévalence que par les répercussions considérables qu'elle représente en terme de niveau de vie pour le chien et son propriétaire et d'investissement économique. Enfin, cette dermatose existe également pour l'homme chez qui la compréhension de la maladie et de ses enjeux est plus aboutie. Tous ces éléments font que cette maladie est un sujet de recherche qui n'a eu de cesse d'être traité et approfondi au cours des dernières années.

Les essais thérapeutiques sont un pan non négligeable de la recherche sur la DAC. La maladie étant multifactorielle, on comprend vite que de nombreuses pistes thérapeutiques soient explorées afin de permettre une gestion correcte des patients. Ainsi, le traitement de la DAC implique habituellement plusieurs prescriptions visant chacune une facette différente de la maladie. Par exemple, l'ingestion d'allergènes alimentaires ou les piqûres d'insectes apparaissant comme des facteurs d'aggravation de la DA, des mesures peuvent être prises pour les éviter, comme les traitements anti-parasitaires externes ou les régimes alimentaires hypoallergéniques. De même, quand des allergènes de l'environnement sont mis en cause, une immunothérapie spécifique peut être entreprise afin de prévenir les rechutes lors de futures expositions à ceux-ci. Enfin, de nombreux vétérinaires praticiens utilisent des principes anti-inflammatoires ou antihistaminiques pour réduire l'intensité des signes cliniques, tout comme des anti-bactériens ou anti-fongiques lorsque des infections cutanées intercurrentes sont objectivées [36]. En outre, hormis les thérapeutiques classiques précédemment cités, d'autres types de médications ont été proposés au cours des dernières décennies pour permettre une meilleure gestion de la DA chez le chien, parmi lesquels : les immunuosuppresseurs, les acides gras essentiels, les traitements topiques, la phytothérapie, l'homéopathie, la thérapie neurale, les interférons… Aussi depuis 1984, de très nombreux articles à propos de ces essais thérapeutiques ont été publiés à travers le monde.

III.1.2/ Méthodologie de recherche

Pour recenser les articles qui nous intéressent dans cette troisième partie, une stratégie de recherche bibliographique systématique a été mise en place. La base de données électronique PubMed (http://www.ncbi.nlm.nih.gov/pubmed/) a été consultée sans limitation de dates, et les mots-clés suivants ont été utilisés pour les recherches: « atopic dermatitis », « atopy », « allergic skin disease », « pruritic skin disease ». Les essais cliniques concernant des agents thérapeutiques utilisés dans le traitement des chiens atteints de DA ont été retenus, de même que des études rétrospectives et des études pilotes ou préliminaires sur ces mêmes sujets. Les études évaluant des traitements antiprurigineux et incluant des chiens atteints de DA dans leur essai ont également été conservées. Les études de synthèse type méta-analyses ou revues systématiques n'ont pas été prises en compte. Les articles publiés en d'autres langues que l'anglais ou le français et dont la traduction n'était pas disponible ont été exclus. De même, les articles issus de journaux non répertoriés dans la base de données consultée ainsi que l'ensemble des communications à des congrès n'ont pas été pris en compte. Enfin, des limitations financières ont restreint l'accès aux articles complets. Ainsi, il n'a été possible de retenir que ceux consultables grâce aux abonnements de l'Ecole Nationale Vétérinaire de Toulouse et de ceux de ses enseignants. D'autres, comme par exemple les articles issus du périodique « Tierarztl Prax », seront demeurés inaccessibles. Par cette méthode, nous avons pu décompter soixante-neuf études entre mai 1984 et février 2010, bornes de dates sur lesquelles se concentre ce travail. L'ensemble de ces articles est consultable dans la bibliographie sous les références suivantes : [30], [31], [33] et [37] à [102].

III.1.3/ Nature des articles analysés

En littérature scientifique, les études peuvent être conçues de plusieurs manières sur le plan de leur méthodologie, ce qui les rend plus ou moins pertinentes scientifiquement parlant. Les essais cliniques peuvent inclurent dans leur méthodologie des contrôles placebo, des répartitions randomisées. Ils peuvent être organisés en simple ou double aveugle, ou être au contraire des études ouvertes.

Il existe une hiérarchie entre les études individuelles en fonction de leur qualité méthodologique intrinsèque et par conséquent du niveau de preuve qu'elles apportent, au sommet de laquelle se situent les essais contrôlés randomisés. Le groupe CONSORT (Consolidated Standards of Reporting Trials) a établi dans ses communiqués les caractéristiques que doivent comporter ces essais contrôlés randomisés (http://www.consort-statement.org/consort-statement/).

Les différents articles analysés dans ce travail ne connaissent pas tous la même nature. Certains d'entre eux présentent des caractéristiques méthodologiques fiables et reconnues en la qualité d'essais contrôlés randomisés, comme par exemple [89], [91], [97], [98], [101]. Cette catégorie compte quarante-trois articles : [30], [31], [33], [37], [42], [45], [46], [48], [50], [52] à [54], [56], [58] à [60], [62], [63], [65] à [71], [73], [74], [78], [79], [82], [85], [86], [88] à [93], [96] à [98], [101] et [102].

D'autres ne sont construits que sur des méthodologies partiellement fiables, connaissant certains biais majeurs comme l'absence d'étude à l'aveugle ou de contrôle placebo, comme pour [57], [61], [77], [94]. Cette catégorie compte seize articles : [38] à [41], [43], [44], [47], [49], [51], [55], [57], [61], [75], [80], [94] et [99].

Deux études comportent deux phases : une première ouverte, une deuxième sous la forme d'un essai contrôlé randomisé [81, 95].

On dénombre de plus trois études rétrospectives [87] [84] [64], une étude de suivi [72] et quatre études pilotes [76] [77] [100] [83].

III.2/ Les méthodes d'évaluation du prurit utilisées dans ces études

Diverses méthodes d'évaluation du prurit sont utilisées dans les articles étudiés. Dans certains cas, une méthode est décrite ; dans d'autres cas plusieurs méthodes sont associées ; dans un troisième genre d'article, il n'existe pas d'évaluation du prurit à proprement parler.

Les différentes méthodes utilisées peuvent être décrites comme suit :

-Des descriptions de la réponse au traitement appliqué.

-Des échelles numériques et verbales d'évaluation du prurit, les deux caractéristiques étant très souvent combinées.

-Des échelles analogiques d'évaluation du prurit.

-Des scores ou index de gravité de la DAC.

48

III.2.1/ Evaluation de la réponse au traitement

L'évaluation de la réponse à un traitement donné n'est pas à proprement parler une méthode d'évaluation du prurit. Elle juge dans la majorité des cas de la qualité d'une réponse thérapeutique et est parfois exprimée en termes d'amélioration du prurit. En effet, on définit la plupart du temps cette réponse en 3 à 4 adjectifs qualitatifs, les plus usités étant « faible », « assez bonne », « bonne », « excellente ». Ces adjectifs restent parfois non expliqués, comme dans l'exemple de l'article [42],. Dans d'autres cas, par exemple [74], ils sont explicités en pourcentage de réduction du prurit : une réponse « faible » correspondrait à 0-25% d'amélioration du prurit ; une réponse « assez bonne » à 26-50% ; une réponse « bonne » à 51-75% ; une réponse « excellente » à 76-100% d'amélioration du prurit.

Dans notre étude, cette méthode est utilisée seule dans seize articles ([38], [40] à [44], [47] à [49], [54], [56], [57], [64] à [66] et [73]), et associée à d'autre(s) méthode(s) dans neuf autres ([45], [52], [61], [69], [81], [82], [84], [87] et [90]). Elle est donc rencontrée dans vingt-cinq articles au total et peut être destinée aux propriétaires comme aux investigateurs.

Parmi les vingt-cinq études utilisant cette méthode, la répartition des essais selon leur nature est la suivante :

-Essais contrôlés randomisés en aveugle : douze. [42], [45], [48], [52], [54], [56], [65], [66], [69], [73], [82] et [90].
-Etudes ouvertes et sans contrôle placebo : neuf. [38], [40], [41], [43], [44], [47], [49], [57] et [61].
-Etude contenant une phase ouverte et une phase randomisée en aveugle : une. [81].
-Etudes rétrospectives : trois. [64], [84] et [87].

on rencontre cette méthode surtout dans les articles des années 1980 et 1990, comme dans [56]. Son utilisation seule diminue chronologiquement ; ainsi, les articles les plus récents dans lesquels elle est citée ne l'utilisent qu'en complément d'autres méthodes. Par exemple, dans [90], les méthodes du CADESI et une échelle analogique sont associées à l'évaluation de la « réponse globale », pouvant être jugée « excellente », « bonne », « assez bonne » ou « faible » par les propriétaires et les investigateurs.

III.2.2/ Echelles numériques et verbales d'évaluation du prurit

Nous avons pu voir dans la deuxième partie qu'il existait plusieurs types d'échelle d'évaluation du prurit et que l'on pouvait également les combiner. Dans les articles étudiés, beaucoup de méthodes utilisées résultent de la combinaison d'échelles numériques et verbales. Aussi nous en traiterons dans un même paragraphe.

La plupart des ces échelles catégorielles associent des nombres avec des descriptions de comportement ou d'intensité du prurit, des plus sommaires aux plus explicites. Elles peuvent être destinées aux propriétaires comme aux investigateurs.

the dermatologist using a scoring system for pruritus (from 1 = absent/occasional to 4 = constant),

ILLUSTRATION 11: Echelle d'évaluation du prurit avec descriptions sommaires [80]
« le dermatologue utilisant un système de score du prurit (de 1=absent/occasionnel à 4=constant)

Grade 0: Normal dog: the dog does not itch more than before the disease began.
Grade 1: Occasional episodes of itching (small increase in itch compared with before the disease began).
Grade 2: More frequent episodes of itching, but the itching stops when the dog is sleeping, eating, playing or is otherwise distracted.
Grade 3: Regular episodes of itching are seen when the dog is awake. The dog occasionally wakes up because of itching, but the itching stops when the dog is eating or playing or is otherwise distracted.
Grade 4: Prolonged episodes of itching are seen. The dog regularly wakes up because of itching, or itches in its sleep. The itching can also been seen when the dog is eating or playing or exercising or is otherwise distracted.
Grade 5: Almost continuous itching, which does not stop when the dog is distracted, even in the consulting room (the dog needs to be physically restrained from itching).

ILLUSTRATION 12 : Echelle d'évaluation du prurit avec descriptions détaillées [85]

Grade 0 : Chien normal : le chien n'a pas plus de démangeaisons qu'avant le début de la maladie.

Grade 1 : épisodes occasionnels de démangeaisons (petite augmentation des démangeaisons par rapport à avant la maladie).

Grade 2 : épisodes plus fréquents de démangeaisons, mais les démangeaisons cessent quand le chien dort, mange, joue, ou est diverti d'une autre manière.

Grade 3 : des épisodes réguliers de démangeaisons sont observés quand le chien est réveillé. Le chien se réveille occasionnellement à cause des démangeaisons, mais celles-ci cessent quand il mange, joue, fait de l'exercice, ou est diverti d'une autre manière.

Grade 4 : des épisodes prolongés de démangeaisons sont observés. Le chien se réveille régulièrement à cause des démangeaisons, ou se démange en dormant. Des démangeaisons peuvent se rencontrer également quand il mange, joue, fait de l'exercice, ou est diverti d'une autre manière.

Grade 5 : démangeaisons presque continues qui ne cessent pas quand l'animal est diverti, et ce même dans la salle de consultation (le chien a besoin d'être retenu physiquement pour ne pas se gratter).

Cette méthode est utilisée seule dans onze articles ([37], [50], [51], [53], [59], [60], [62], [63], [67], [68] et [99]), et associée à d'autre(s) méthode(s) dans quinze autres ([45], [52], [55], [61], [69], [72], [75], [80], [81], [85], [88], [89], [96], [97] et [100]). Elle est donc rencontrée dans vingt-six articles au total.

Parmi les vingt-six études utilisant cette méthode, la répartition des essais selon leur nature est la suivante :

-Essais contrôlés randomisés en aveugle : dix-sept. [37], [45], [50], [52], [53], [59], [60], [62], [63], [67] à [69], [85], [88], [89], [96] et [97].
-Etudes ouvertes et sans contrôle placebo : six. [51], [55], [61], [75], [80] et [99].
-Etude contenant une phase ouverte et une phase randomisée en aveugle : une. [81].
-Etude pilote : une. [100].
-Etude de suivi : une. [72].

III.2.3/ Echelles analogiques d'évaluation du prurit

Les échelles analogiques sont également très employées pour évaluer le prurit dans les essais cliniques pour la DAC, et ce d'autant plus que les articles sont récents. Elles peuvent être de différentes tailles, verticales ou horizontales et leurs extrémités peuvent être plus ou moins détaillées. Elles sont pour la plupart destinées à l'usage des propriétaires.

Cette méthode est utilisée seule dans trois articles ([39], [46] et [95]), et associée à d'autre(s) méthode(s) dans dix-neuf autres ([30], [31], [69] à [71], [74], [76], [78], [83], [86], [87], [90] à [94], [98], [101] et [102]). Elle est donc rencontrée dans vingt-deux articles au total.

Parmi les vingt-deux études utilisant cette méthode, la répartition des essais selon leur nature est la suivante :

-Essais contrôlés randomisés en aveugle : seize. [30], [31], [46], [69] à [71], [74], [78], [86], [90] à [93], [98], [101] et [102].
  -Etudes ouvertes et sans contrôle placebo : deux. [39], [94].
  -Etude contenant une phase ouverte et une phase randomisée en aveugle : une. [95].
  -Etude pilote : deux. [76] et [83].
  -Etude rétrospective : une. [87].

II.2.4/ Scores ou index de gravité de la DAC

Les scores ou index de gravité de la DAC sont les méthodes globalement les plus usitées dans les essais étudiés. En effet, elles sont utilisées seules dans quatre articles ([33], [58], [77] et [79]), et associées à d'autre(s) méthode(s) dans trente-cinq autres ([30], [31], [33], [55], [58], [69], [70] à [72], [74] à [86], [88] à [94], [96] à [98], [100], [101] et [102]). Elles sont donc rencontrées dans trente-neuf articles au total.

Parmi les trente-neuf études utilisant cette méthode, la répartition des essais selon leur nature est la suivante :

-Essais contrôlés randomisés en aveugle : vingt-quatre. [30], [31], [33], [58], [69] à [71], [74], [78], [79], [82], [85], [86], [88] à [93], [96] à [98], [101] et [102].
  -Etudes ouvertes et sans contrôle placebo : quatre. [55], [80], [75] et [94].
  -Etude contenant une phase ouverte et une phase randomisée en aveugle : une. [81].
  -Etude pilote : quatre. [76], [77], [83] et [100].
  -Etude de suivi : une. [72].
  -Etude rétrospective : une. [84].

Certains auteurs utilisent des scores non décrits anrérieurement dont ils définissent les caractéristiques et le mode d'emploi dans leurs articles. Entre autres, on peut citer l'utilisation des PICAD et LICAD (Pruritic et Lesional Indices for Canine Atopic Dermatitis) dans [77] ; du CADESI modifié dans [31] . D'autres auteurs se basent sur des scores précédément définis et utilisés, comme les différentes versions reconnues du CADESI [93] [92] ; ce dernier phénomène se retrouve dans les articles les plus récents.

III.3/ Evolution vers une uniformisation : sur les pas de la médecine humaine

III.3.1/ Evolution chronologique

Si l'on reprend l'utilisation des méthodes d'évaluation du prurit dans les études observées, on peut noter que l'évolution se fait de manière chronologique [36] [104]. Au départ, ces mesures étaient limitées au seul jugement subjectif des propriétaires quant à la réduction du prurit manifesté par leurs chiens ; une amélioration dite « bonne à excellente » était alors censée refléter une réduction de plus de 50% du prurit. Avant 1995, mis à part de rares exceptions, les essais publiés n'utilisaient pas de méthodes de mesure qui prenaient en compte des scores lésionnels. Avec le temps, se sont ajoutés des évaluations par un investigateur de l'intensité du prurit, ou de l'étendue des lésions cutanées (en relation avec le prurit ou avec d'autres caractéristiques de la DAC). Le problème alors rencontré, ce surtout juqu'en 2002, est que les échelles ou les scores de gravité ont été générés à la demande : ainsi l'on se retrouve avec presque autant d'échelles qu'il existe d'essais cliniques et la plupart, synthétisée *de novo*, ne présente aucune validation scientifique. Il n'y a donc aucune cohérence dans les évaluations entre les différentes études, exceptées pour celles menées par des investigateurs de la même université. Après 2002, les essais cliniques ont présenté des échelles analogiques ou catégorielles d'évaluation du prurit, des scores ou index lésionnels (souvent le CADESI) associés ou non à des évaluations globales de la réponse thérapeutique.

III.3.2/ La problématique générée par la diversité des méthodes d'évaluation du prurit

La problématique d' une telle hétérogénicité se retrouve dans des articles de méta-analyse dont le but est de rassembler les données issues d'études comparables et de les réanalyser au moyen d'outils statistiques adéquats pour répondre à une question précise de manière critique et quantitative. Ce type d'études permet de réunir un nombre important de patients et d'événements et d'arriver à des conclusions plus solides que ne le permettaient les études individuelles. Cependant, une méta-analyse n'est applicable que si les différentes études prise en compte utilisent des stratégies identiques et fournissent des données quantitatives semblables, ce qui est rarement le cas puisque deux essais ne sont jamais comparables en tout point, et ce *a fortiori* dans le cas des essais cliniques pour la DAC.

Dans certains articles de méta-analyse, ce problème a été contourné en recalculant les résultats de mesures sur la base de différents principes. Pour les résultats de mesure primaires, les auteurs peuvent s'intéresser à la proportion de chiens participant à l'essai jugés par les propriétaires et investigateurs comme ayant une amélioration bonne à excellente par l'utilisation d'échelles catégorielles d'évaluation globale. Pour les résultats de mesure secondaires, les auteurs peuvent se pencher sur le pourcentage de chiens avec une rémission clinique complète ou partielle, définies respectivement par une diminution de plus de 90% ou de plus de 50% des scores lésionnels notés par les investigateurs ou des scores de prurit quantifiés par les propriétaires. Etant donné qu'aucune méthode standardisée et validée n'existe pour évaluer les lésions et le prurit des chiens à DA, les auteurs de méta-analyses se basent sur toute méthode d'évaluation utilisée dans les essais cliniques, quelle qu'elle soit, pour effectuer ces calculs primaires et secondaires [36].

En plus de la difficulté pour comparer les résultats d'essais cliniques, le fait qu'il n'existe pas de méthode d'évaluation standardisée pose un autre problème. En médecine humaine, il a été démontré dans une étude d'essais cliniques pour la schizophrénie que la probabilité de trouver qu'un traitement était plus efficace que le témoin était majorée en cas d'utilisation d'une échelle non publiée précédemment [105]. Il en résulte l'information non négligeable selon laquelle l'emploi de méthodes nouvellement définies ou modifiées dans un essai clinique pourrait constituer un biais dans l'évaluation d'un nouveau traitement, en faveur de ce traitement.

<u>III.3.3/ Recommandations et évolution vers une standardisation</u>

Les principes d'une médecine basée sur les preuves sont de plus en plus utilisés en médecine vétérinaire afin de guider la pratique clinique. L'établissement de lignes de conduite thérapeutique ou de rapports méta-analytiques systématiques se base sur la comparaison possible de données provenant de plusieurs sources différentes. Pour la DAC comme pour d'autres domaines, ce processus est malheureusement entravé par l'existence de grandes variations méthodologiques dans les essais cliniques.

Notons toutefois que la situation en médecine humaine n'est guère préférable à la nôtre. En 2003, la conjoncture sur les méthodes de mesures employées dans les essais cliniques sur la DA humaine était décrite comme « une véritable pagaille » [106]. De même, l'obsession de vouloir mesurer des signes toujours objectifs était vivement critiquée car elle se faisait au détriment d'évaluations centrées sur les patients eux-mêmes, oubliant parfois l'intérêt de ces derniers. Enfin, il apparaissait que la plupart des méthodes dite objectives ne se révélait, après les tests de validation effecués, pas si objectives que l'on voulait bien le croire [106].

Bien que certaines avancées aient été réalisées au cours des dernières années, il est donc nécessaire que l'évolution vers un processus de standardisation des méthodes de mesure dans les essais cliniques pour la DAC se généralise. En résulteraient une meilleure utilisation des résultats de recherche et une exploitation plus précise des informations sur l'efficacité des thérapies pour les chiens atteints de cette maladie chronique et débilitante. Cependant, le nombre démesuré de méthodes déployé dans ces articles reflète sans doute le fait qu'il n'existe pas réellement d'outil de mesure permettant de traduire parfaitement l'état pathologique d'un patient à un instant donné. Il faut dès lors garder à l'esprit que la découverte d'une échelle idéale, objective et pratique semble peu réaliste. Aussi serait-il important d'établir, faute de mieux, un cadre conceptuel des domaines qui devraient être pris en compte dans les essais cliniques quant aux mesures de gravité de la DAC.

Dans l'esprit de ce qui a déjà été fait en médecine humaine [106], le comité International Task Force on Canine Atopic Dermatitis a décrit en 2007 quatre paramètres devant être évalués dans les essais cliniques pour la DAC [12] :

1- Une mesure régulière des symptômes et signes cliniques des patients du début à la fin de l'essai clinique, permettant ainsi d'identifier rechutes et rémissions.
L'évaluation des lésions cutanées peut être réalisée au moyen de l'enregistrement par le clinicien de l'index CADESI-03 avant et après traitement, et la mesure des manifestations du prurit par les propriétaires via l'utilisation d'une échelle analogique ou d'une autre méthode scientifiquement validée.

2- Une mesure globale de ce que les propriétaires ont perçu de l'amélioration de leurs chiens en fin d'étude, via l'utilisation d'une échelle catégorielle déterminant cinq grades : absente (0), faible (1), assez bonne (2), bonne (3), excellente (4).

3- Une mesure globale de ce que les vétérinaires ont perçu de l'amélioration de leurs patients en fin d'étude, via l'utilisation du même outil que pour 2-.

4- Une mesure de la qualité de vie. Une telle évaluation est d'une grande importance dans une maladie chronique qui n'engage pas le pronostic vital comme la DAC. Bien que plusieurs échelles de mesure de qualité de vie existent en médecine humaine, aucun essai clinique en dermatologie vétérinaire n'en a encore employé jusqu'à aujourd'hui. Les paramètres potentiellement pertinents et exploitables chez les chiens atteints de DAC regroupent l'attitude, la qualité de sommeil, la qualité de l'appétit et le degré d'interaction avec le propriétaire. Des études supplémentaires sont nécessaires pour développer puis valider une telle échelle à l'usage des carnivores domestiques et de leurs maîtres.

Dans cette dernière partie, nous avons pu constater qu'un très grand nombre de diverses méthodes d'évaluation du prurit était utilisé dans les essais cliniques pour la DAC. L'existence d'un outil idéal alliant objectivité et praticité semble remise en cause. Les dernières recommandations du International Task Force on Canine Atopic Dermatitis requièrent néanmoins une uniformisation des méthodes utilisées via l'emploi du CADESI-03 et d'échelles validées pour l'évaluation du prurit et des lésions, d'échelles catégorielles pour une estimation globale du traitement, et enfin via la prise en compte de la qualité de vie de l'animal.

-CONCLUSION-

En conclusion de ce travail, il est important de mettre en exergue que le prurit a été défini dans la première partie comme une notion phare en dermatologie vétérinaire et en particulier dans la dermatite atopique canine. Ses mécanismes sont complexes et ne sont pas encore compris dans leur totalité. Il reste donc un signe critique à aborder tant dans la pratique quotidienne que dans le domaine de la recherche et l'on comprend dès lors la nécessité d'avoir des outils disponibles pour l'évaluer de manière sûre.

Nous avons vu dans la deuxième partie qu'il existe diverses méthodes d'évaluation du prurit chez le chien, chacune présentant des avantages et des inconvénients. Parmi celles-ci, le cas des index de gravité de la DAC occupe une place particulière. Malheureusement, seule une minorité d'entre elles est validée scientifiquement.

Enfin, en prenant l'exemple des essais cliniques pour la DAC, nous avons pu constater dans la dernière partie qu'un ensemble très hétérogène de méthodes d'évaluation du prurit était utilisé en recherche dermatologique vétérinaire. Il apparaît cependant que l'existence d'un outil idéal alliant objectivité et facilité d'emploi ne semble pas si évidente. Les recommandations évoluent néanmoins vers une uniformisation globale des méthodes employées ainsi que vers la prise en compte dans ce domaine du paramètre central et trop souvent oublié qu'est la qualité de vie de nos carnivores domestiques.

Au terme de cette étude, force est de constater que relativement à la quantité d'informations qui affluent dans le domaine de la recherche sur la DAC, trop peu d'attention a été portée à ce qui était réellement mesuré dans les essais cliniques et à ce sur quoi notre prise de décision était réellement basée dans la gestion de cette maladie. Il est en effet étonnant que si peu d'efforts aient été faits jusqu'à présent par les vétérinaires cliniciens, chercheurs, les compagnies pharmaceutiques et surtout les autorités compétentes dans chaque pays pour valider les nouveaux produits vétérinaires (l'Agence Nationale du Médicament Vétérinaire (ANMV) de l'Agence Nationale de Sécurité Sanitaire de l'alimentation, de l'environnement et du travail (ANSES) en France, ou le Comité des produits thérapeutiques à usage vétérinaire (CVMP) de l'Agence Européenne des médicament (EMA)), pour essayer de standardiser les méthodes de mesures concernant ce sujet. Gardons à l'esprit que des méthodes d'évaluation précises et pertinentes restent une des bases de la pratique d'une médecine basée sur les preuves. Une uniformisation effective des méthodes d'évaluation du prurit dans la DAC, et plus généralement en dermatologie vétérinaire apparaît ainsi comme un besoin et même une nécessité dans les domaines de dermatologie clinique et de recherche.

- <u>ANNEXES</u> -

Table 1. Involvement of neuromediators in pruritus, pain, and burning (selected)

Neuromediator	Receptor	Source	Target cells/function	References
Acetylcholine	Nicotinergic and muscarinergic Acetylcholine receptors	Autonomic cholinergic nerves, keratinocytes, lymphocytes, melanocytes	Mediates itch in atopic dermatitis patients; M3R probably involved in itch	Grando (1997); Schmelz et al. (2000a, b)
Catecholamines, noradrenaline	Adrenergic receptors	Autonomic adrenergic nerves, keratinocytes, melanocytes	Pain transmission	Haustein (1990); Hundley and Yosipovitch (2004)
Substance P	Tachykinin (neurokinin) receptor	Sensory nerve fibers	Low (physiologically relevant) concentrations: priming of MCs; release of TNF-a, histamine, leukotriene B4, prostaglandin D2 from MCs (agents involved in pruritus and burning)	Janiszewski et al. (1994); Okabe et al. (2000); Scholzen and Luger (2004)
Neurokinin A	Tachykinin (neurokinin) receptor	Sensory nerve fibers	Up-regulation of keratinocyte nerve growth factor expression	Burbach et al. (2001)
VIP	Vasoactive intestinal peptide/ pituitary adenylate cyclase activating peptide (VPAC) receptors	Sensory nerve fibers, Merkel cells	Histamine release from MCs; allodynia (no allodynia in AD!) intensifies acetylcholine induced itch in atopic dermatitis patients (together with acetylcholine)	Steinhoff et al. (2003b and references therein)
Pituitary adenylate cyclase-activating polypeptide	VPAC receptors	Autonomic and sensory nerve fibers, lymphocytes, dermal endothelial cells	Involved in flush, vasodilatation, pain, neurodegeneration; pruritus? Induces release of histamine from MCs	Delgado et al. (2001 and references therein)
CGRP	CGRP receptors	Sensory nerve fibers	Pain transmission, prolongation of itch latency following SP injection (inhibitory effect on itching); sensitization of receptive endings; increase of CGRP fibers in itchy skin diseases	Steinhoff et al. (2003b and references therein); Brain and Grant (2004); Brain and Williams (1988)
MSH	Melanocortin receptors	Melanocytes, keratinocytes, endothelial cells, Langerhans cells, MCs, fibroblasts, monocytes	Releases histamine from MCs; pruritus	Steinhoff et al. (2003b and references therein)
CRH	CRH-R1, -2	CRH-R1: keratinocytes, MCs	Release of histamine, cytokines, TNF-a, vascular endothelial growth factor from MCs	Skofitsch et al. (1995); Slominski et al. (1995); Theoharides et al. (1998); Slominski and Wortsman (2000); Venihaki et al. (2001); Lytinas et al. (2003); Kempuraj et al. (2004); Cao et al. (2005)
		CRH-R2: bone-marrow MCs	CRH-like-immunoreactivity on sensory nerves (rat)	
Opioids	m-, k-, d-opioid receptors (partly receptor-independent cell activation)	Nerves, keratinocytes	Antipruritic effect of m-opioid antagonists (central effect) and k-opioid agonists (spinal cord level); opioid agonists do not provoke itch upon injection or intradermal application;	Onigbogi et al. (2000); Andrew and Craig (2001); Stander et al. (2003); Blunk et al. (2004); Bigliardi-Qi et al. (2005)

ANNEXE 1 : Les différents neuromédiateurs impliqués dans les sensations de prurit, douleur, brûlure. [3]

Table 1. continued

Neuromediator	Receptor	Source	Target cells/function	References
			m-opioid receptor upregulation in atopic dermatitis	
Endocannabinoids	CB receptors	Nerves, keratinocytes	Antipruritic in the periphery	Maccarrone et al. (2003); Ibrahim et al. (2005); Stander et al. (2005)
Endothelins	Endothelin receptors A, B	Endothelium, MCs	Burning itch, degraded by chymase via ET_A receptor activation	Katugampola et al. (2000); Maurer et al. (2004)
Kinins	Bradykinin receptors	Endothelial cells, immunocytes	Bradykinin induces pain over pruritus; bradykinin B2 receptor antagonists reduce itch	Hayashi and Majima (1999)
Kallikreins, proteases	Partly by proteinase-activated receptors (PARs, tryptic enzymes)	Keratinocytes, endothelial cells, MCs, platelets	Massive itch behavior in mice overexpressing epidermal kallikrein 7; potential role of other kallikreins; chymase degrades pruritic and antipruritic peptides; tryptase induces inflammation and itch by a neurogenic mechanism via PAR_2	Steinhoff et al. (2000); Steinhoff et al. (2003a, b); Lundequist et al. (2004); Ny and Egelrud (2004); Steinhoff et al. (2005)
Neurotrophins (NGF, NT-4, BDNF)	Specific receptors trk A: NGF; trk B: NT-4, BDNF; trk C: NT-3	NGF: keratinocytes, MCs, fibroblasts, eosinophils. BDNF: eosinophils	NGF levels enhanced in atopic dermatitis and epidermal barrier disruption; induces tryptase release from MCs; inducible by histamine; trk A: enhanced in keratinocytes during inflammation; NT-4: enhanced in AD; induces sprouting. BDNF: increases eosinophil chemotaxis levels in AD, and inhibits apoptosis. Sensitization of receptive nerve endings, upregulation of neuronal neuropeptides, and TPV1	Kanda and Watanabe (2003); Kimata (2003); Groneberg et al. (2005); Raap et al. (2005)

[1]VPAC, Vasoactive intestinal peptide/pituitary adenylate cyclase activating peptide.

ANNEXE 1 (suite) : Les différents neuromédiateurs impliqués dans les sensations de prurit, douleur, brûlure. [3]

Table 2. (a) The 1986 Willemse Criteria for the Diagnosis of Canine Atopic Dermatitis. (b) The 1998 Prélaud Diagnostic Criteria for Canine Atopic Dermatitis

(a)

1. At least three of the following basic features should be present

   Pruritus

   A typical morphology and distribution

      Facial and/or digital involvement or

      Lichenification of the flexor surface of the tarsal joint and/or the extensor surface of the carpal joint

   Chronic or chronically-relapsing dermatitis

   An individual or family history of atopy and/or the presence of a breed predisposition

2. At least three of the following minor features should also be present

   Onset of symptoms before the age of 3 years

   Facial erythema and cheilitis

   Bilateral conjunctivitis

   A superficial staphylococcal pyoderma

   Hyperhydrosis

   Immediate skin test reactivity to inhalants

   Elevated allergen-specific IgGd

   Elevated allergen-specific IgE

(b)

   Onset of signs between 6 months and 3 years

   Glucocorticoid-responsive pruritus

   Bilateral anterior interdigital erythematous pododermatitis

   Erythema of the internal (concave) ear pinnae

   Cheilitis

ANNEXE 2 : Critères diagnostiques pour la dermatite atopique canine proposés par Willemse et Prélaud [15]

Table 3. The 2009 Favrot Diagnostic Criteria for Canine Atopic Dermatitis

1. Onset of signs under 3 years of age
2. Dog living mostly indoors
3. Glucocorticoid-responsive pruritus
4. Pruritus sine materia at onset (i.e. pruritus without lesions at onset)
5. Affected front feet
6. Affected ear pinnae
7. Nonaffected ear margins
8. Nonaffected dorso-lumbar area

ANNEXE 3 : Critères diagnostiques pour la dermatite atopique canine par Favrot, 2009

How itchy is your dog?

This scale is designed to measure the severity of itching in dogs. Itching can include scratching, biting, licking, chewing, nibbling or rubbing. Read all the descriptions below **starting from the bottom.** Then use a marker pen to place a mark anywhere on the vertical line that runs down the left hand side to indicate the point at which you think your dog's level of itchiness lies.

Extremely severe itching/almost continuous
Itching doesn't stop whatever is happening, even in the consulting room (needs to be physically restrained from itching)

Severe itching/prolonged episodes
Itching might occur at night (if observed) and also when eating, playing, exercising or being distracted

Moderate itching/regular episodes
Itching might occur at night (if observed), but not when eating, playing, exercising or being distracted

Mild itching/a bit more frequent
Wouldn't itch when sleeping, eating, playing, exercising or being distracted

Very mild itching/only occasional episodes
The dog is slightly more itchy than it was before the skin problem started

Normal dog – I don't think itching is a problem

ANNEXE 4 : Echelle d'évaluation de l'intensité du prurit, résultant de la combinaison d'une échelle analogique et d'une échelle comprenant des descriptions de gravités et de comportements. [23]

Actiwatch® and Actical™
For Animal Use

The Easy Way to Measure Activity and Circadian Rhythms in Primates and Other Animals

Actiwatch activity monitors provide an easy way to obtain, analyze and graph long-term data on the activity patterns of your multiply housed or free ranging research animals. Getting started is easier than you might think.

1. Configure the Actiwatch, indicating subject ID, sampling interval and time to begin data collection.
2. Encase the Actiwatch in one of the 4 special cases shown below.
3. Attach the Actiwatch to the animal, and you are ready to begin collecting data.

Shown Actual Size: 28x27x10mm

Non-Invasive - No Surgeries Required

Either Actiwatch or Actical can be mounted in any of the rugged cases pictured below.

This specialized Primate Products collar Actiwatch case fits into one of the pole rings. The collar comes in 3 sizes with 2", 2-1/2" and 3" diameter openings.

The titanium back plate of this housing can be glued to turtle shells or even animal skin, as it was on the platypus shown above.

The standard Actiwatch Delrin® housing for monitoring activity in dogs slips onto a standard collar.

Actiwatch Applications:
- Track activity levels and changes in activity patterns
- Determine circadian rhythms
- Drug response
- Behavior

Actiwatch Software:
- Actiware™-Rhythm is a complete actigraphy-based activity and circadian rhythms analysis program.
- The zoom feature of Actiware-Rhythm allows you to magnify any segment of the data record for a closer examination
- Actogram average, Tau cursor, FFT & Periodogram

This aluminum housing is designed to be used with I.D. tags and can be attached to metal or plastic plates with bolts or rivets.

MINI MITTER

ANNEXE 5 : Brochure MiniMitter Actiwatch® et Actical® (www.mini-mitter.com)

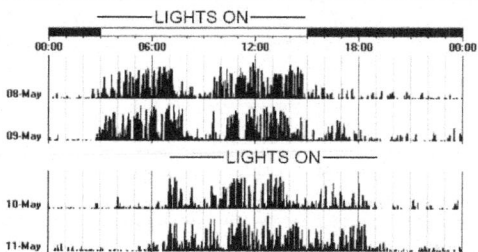

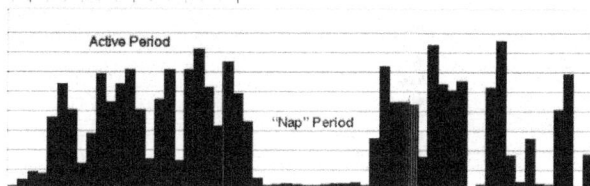

ANNEXE 5 (suite) : Brochure MiniMitter Actiwatch® et Actical®

65

Scale and Year of Publication	Validity			Reliability			Responsiveness, Sensitivity to Change	Acceptability, Time to Administer
	Content	Construct	Criterion	Internal Consistency	Interobserver Variation	Intraobserver Variation		
ADAM 1999[8,9]	● (8,9)	○ (9)	● (9)	● (8)	● (8)			
ADASI 1991[10,11]	● (10)						● (12-14)	2 min (10)
ADSI 1998[15]	● (15,16)						● (15)	
BCSS 1995[17]	● (17)		● (18)		● (18)		● (17)	
Costa's SSS 1989[19]	● (19)	● (20)			● (18,19)		● (21)	
EASI 1998[7]	● (7)				● (7)	● (7)		
Leicester 1993[22]	● (22,23)	○ (22)	○ (22)					
Nottingham Eczema Severity Score 1998[6]	● (6)	● (6)	● (6)					
Rajka and Langeland 1989[24]	● (24)	○ (25)						
SASSAD 1996[5]	● (5)	○ (26-29)	○ (26-29)				● (5,26-28,30)	2-10 min (5)
SCORAD 1993[31]	● (31)	● (32-34)	○ (35)	● (31)	● (18,31,36-38)	● (31)	● (35,39,40)	10 min (31,37,38)
SIS 1992[42]	● (41-43)	● (41-43)					● (42-44)	
TBSA 1992[45]	● (44-45)	○ (44-45)	○ (45)				● (45)	

Table 2. Published Quality Criteria for Severity Scoring Systems in Atopic Dermatitis*

*● indicates data available on quality criteria (see "Comment" section for further information); ○, trends suggesting construct or criterion validity (eg. in graph format or figures for before and after treatment) but no correlation statistics given. Numbers in parentheses are reference numbers. For full study names see indicated references.

<u>ANNEXE 6</u> : *Tableau représentant les différentes échelles de gravité de la dermatite atopique humaine et les critères de qualité publiés à leur sujet* [27]

SCORAD INDEX

EUROPEAN TASK FORCE
ON ATOPIC DERMATITIS

Last Name _____ First Name _____

Date of Birth: [| | | | |] DD/MM/YY

Date of Visit: [| | | |]

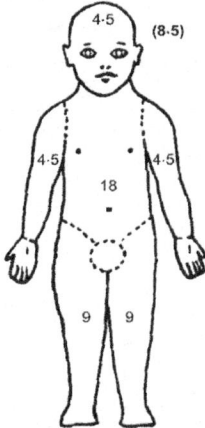

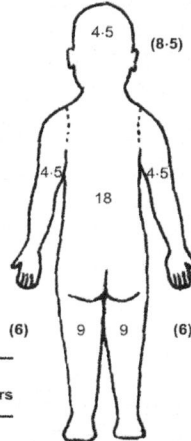

Figures in parenthesis
for children under two years

A: EXTENT Please indicate the area involved [____]

B: INTENSITY [____]

C: SUBJECTIVE SYMPTOMS
   PRURITUS + SLEEP LOSS [____]

A/5 + 7B/2 + C

[____]

CRITERIA	INTENSITY
Erythema	
Oedema/Papulation	
Oozing/crust	
Excoriation	
Lichenification	
Dryness*	

* Dryness is evaluated
on uninvolved areas

MEANS OF CALCULATION

INTENSITY ITEMS
(average representative area)
0 = absence
1 = mild
2 = moderate
3 = severe

Visual analog scale
(average for the last
3 days or nights)

PRURITUS (0 to 10) [____] |||||||||||||||||||||||||||||||||||||||||||||||||||||||||||||

0   10

SLEEP LOSS (0 to 10) [____] |||||||||||||||||||||||||||||||||||||||||||||||||||||||||||

ANNEXE 7 : Index SCORAD (SCOring Atopic Dematitis) [107]

A: Répartition, B: Intensité, C: Symptômes subjectifs (prurit et perte de sommeil)
Critères : érythème, oedemes/papules, suintement/croûtes, excoriations, lichenification,
sécheresse
Intensité : 0=Absence ; 1=modéré ; 2=moyen ; 3=grave
Echelle analogique (prurit et perte de sommeil, 0-10)

Table 1. Lesions and body sites evaluated in CADESI-03. The CADESI-03 scale consists of the evaluation of four different lesions at 62 body sites with a severity scale varying from 0 to 5.

CADESI-03.lv - © ITFCAD 2004 BODY AREAS				Erythema	Lichenification	Excoriations	Self-Induced Alopecia	TOTAL
Face		Preauricular	1					
		Periocular	2					
		Perilabial	3					
		Muzzle	4					
		Chin	5					
Head		Dorsal	6					
Ear Pinna	Left	Convex	7					
		Concave	8					
	Right	Convex	9					
		Concave	10					
Neck		Dorsal	11					
		Ventral	12					
	Lateral	Left	13					
		Right	14					
Axilla		Left	15					
		Right	16					
Sternum			17					
Thorax		Dorsal	18					
	Lateral	Left	19					
		Right	20					
Inguinal		Left	21					
		Right	22					
Abdomen			23					
Lumbar		Dorsal	24					
Flank		Left	25					
		Right	26					
Forelimb	Left	Medial	27					
		Lateral	28					
		Cubital Flexor	29					
		Carpal Flexor	30					
	Right	Medial	31					
		Lateral	32					
		Cubital Flexor	33					
		Carpal Flexor	34					
Forefoot	Left	Palmar Metacarpal	35					
		Dorsal Metacarpal	36					
		Palmar Phalangeal	37					
		Dorsal Interdigital	38					
	Right	Palmar Metacarpal	39					
		Dorsal Metacarpal	40					
		Palmar Phalangeal	41					
		Dorsal Interdigital	42					
Hind Limb	Left	Medial	43					
		Lateral	44					
		Stiffle Flexor	45					
		Tarsal Flexor	46					
	Right	Medial	47					
		Lateral	48					
		Stiffle Flexor	49					
		Tarsal Flexor	50					
Hind Foot	Left	Plantar Metatarsal	51					
		Dorsal Metatarsal	52					
		Plantar Phalangeal	53					
		Dorsal Interdigital	54					
	Right	Plantar Metatarsal	55					
		Dorsal Metatarsal	56					
		Plantar Phalangeal	57					
		Dorsal Interdigital	58					
Perianal			59					
Perigenital			60					
Tail		Ventral	61					
		Dorsal	62					
grading (each site, each lesion) : none: 0; 1: mild; 2,3: moderate; 4,5: severe				TOTAL Score (1240 maximum)				

ANNEXE 8 : Echelle CADESI-03 (Canine Atopic Dermatitis Extent and Severity Index) [12]

Cette échelle consiste en l'évaluation de 4 différentes lésions dans 62 régions du corps avec une gravité allant de 0 à 5

Table 2. The PICAD scale (Pruritus Index for Canine Atopic Dermatitis)

Anatomic area	Manifestation	Frequency*					Intensity*				
Ears	Scratching/shaking	0	1	2	3	4	0	1	2	3	4
Head	Scratching/rubbing	0	1	2	3	4	0	1	2	3	4
Trunk, axillae	Scratching/rubbing/licking	0	1	2	3	4	0	1	2	3	4
Ventral abdomen	Scratching/rubbing/licking	0	1	2	3	4	0	1	2	3	4
Front feet	Licking/chewing	0	1	2	3	4	0	1	2	3	4
Hind feet	Licking/chewing	0	1	2	3	4	0	1	2	3	4
Limbs and front legs	Licking/chewing	0	1	2	3	4	0	1	2	3	4
Ano-genital area	Rubbing/licking/chewing	0	1	2	3	4	0	1	2	3	4
Subtotals						☐32					☐32
Total PICAD score											☐64

*Key to frequency and intensity scoring

Frequency of pruritus		Definitions
0	None	No pruritus
1	Occasional	Less than once to once a day
2	Quite frequent	A few to several times a day but sometimes the animal is seen not scratching
3	Frequent	At least once each period the animal is seen.
4	Quasi permanent	Several times each period the animal is seen ('more time spent scratching than not doing it')

Intensity of pruritus		
0	None	No pruritus
1	Low	The animal shows low attention when scratching and/or scratches for very short periods (a few seconds).
2	Moderate	The animal is concentrated when scratching and/or scratches for short periods (several seconds).
3	Important	Very nervous animal when scratching and/or scratches for quite long periods (1 to a few minutes).
4	Severe	The animal may be aggressive when scratching and/or cannot stop when asked and/or scratches for long periods (several minutes).

<u>ANNEXE 9</u> : <u>Echelle PICAD (Pruritus Index for Canine Atopic Dermatitis)</u> [33]

Régions anatomiques (oreilles, tête ...)
Manifestations (grattage, secouage, frottage, léchage, mordillement)
Fréquence (0=absent ; 1=occasionnel ; 2=assez fréquent ; 3=fréquent ; 4=quasi permanent)
Intensité (0=aucune ; 1=basse ; 2=moyenne ; 3=importante ; 4=grave)

69

AUTEURS, ANNEE ET REFERENCE DE L'ARTICLE	TYPE D'ETUDE	PRODUIT OU MOLECULE EVALUES	NB DE CHIENS	METHODE D'EVALUATION DU PRURIT			
				Evaluation de la réponse thérapeutique	Echelle catégorielle du prurit	Echelle analogique du prurit	Index de gravité de la DAC
(Willemse, Van den Brom et al. 1984) [37]	Essai contrôlé randomisé en double-aveugle	Désensibilisation, solution d'allergènes et précipité d'aluminium	51		*		
(Scott and Buerger 1988) [38]	Etude croisée, ouverte, pas de contrôle placebo	6 antiinflammatoires non stéroïdiens	45	*			
(Lloyd and Thomsett 1989) [39]	Etude croisée, ouverte, pas de contrôle placebo	Huile d'onagre et huile de poisson	10			*	
(Miller, Griffin et al. 1989) [40]	Etude clinique multicentrique ouverte	« DVM Derm Caps », un complément nutritionnel à base d'acides gras	93	*			
(Scott and Miller 1990) [41]	Essai contrôlé randomisé, ouverte, pas de contrôle placebo	Chlorpheniramine et « DVM Derm Caps »	43	*			
(Paradis, Scott et al. 1991) [42]	Etude croisée en double aveugle avec contrôle placebo	6 antiprurigineux	30	*			
(Paradis, Lemay et al. 1991) [43]	Etude croisée, ouverte, pas de contrôle placebo	Clemastine et « DVM Derm Caps »	30	*			
(Miller, Scott et al. 1991) [44]	Etude clinique ouverte, pas de contrôle placebo	Amitriptyline	31	*			
(DeBoer, Moriello et al. 1992) [45]	Essai croisé randomisé en double aveugle avec contrôle placebo	AHR-13268	29	*	*		
(Scarff and Lloyd 1992) [46]	Essai croisé randomisé en double aveugle avec contrôle placebo	Huile d'onagre	35			*	
(Miller, Scott et al. 1992) [47]	Etude croisée, ouverte, pas de contrôle placebo	Acide ascorbique et « DVM Derm Caps »	23	*			
(Bond and Lloyd 1992) [48]	Etude parallèle randomisée en double aveugle	Huile d'olive et l'association d'huile d'onagre+huile de poisson	25	*			
(Miller, Scott et al. 1993) [49]	Etude clinique ouverte, pas de contrôle placebo .	Clemastine	72	*			
(Bond and Lloyd 1993) [50]	Etude parallèle randomisée en double aveugle	Acides gras essentiels	28	*	*		
(Bond and Lloyd 1994) [51]	Etude clinique ouverte	Prednisolone et acides gras essentiels	11	*	*		
(DeBoer, Moriello et al. 1994) [52]	Essai croisé randomisé en double aveugle avec contrôle placebo	Inhibiteur de la 5-Lipoxygenase	31	*	*		
(Logas and Kunkle 1994) [53]	Etude croisée randomisée en double aveugle avec contrôle placebo	Acide eicosapentaenoïc	16	*	*		
(Paterson 1995) [54]	Etude croisée randomisée en simple aveugle avec contrôle placebo	Antihistaminiques et acides gras essentiels	32	*			
(Olivry, Guaguere et al. 1997) [55]	Etude clinique ouverte, pas de contrôle placebo	Misoprostol	20	*	*		
(Scott, Miller et al. 1997) [56]	Essai clinique en simple aveugle	Régime riche en Oméga 3 et 6	18	*			*

Étude	Type d'étude	Traitement	n				
(Beningo, Scott et al. 1999) [57]	Etude clinique ouverte, pas de contrôle placebo	Tetracycline et niacinamide	19	*			
(Harvey 1999) [58]	Essai randomisé en double aveugle avec contrôle placebo	Huile de bourrache et huile de poisson	21				*
(Ferrer, Alberola et al. 1999) [59]	Etude parallèle randomisée en double aveugle	Arofylline	40		*		
(Marsella and Nicklin 2000) [60]	Essai croisé randomisé en double aveugle avec contrôle placebo	Pentoxifylline	10		*		
(Fontaine and Olivry 2001) [61]	Etude clinique ouverte, pas de contrôle placebo	Ciclosporine A	14	*	*		
(Crow, Marsella et al. 2001) [62]	Essai croisé randomisé en double aveugle avec contrôle placebo	Zileuton	9		*		
(Nagle, Torres et al. 2001) [63]	Essai randomisé en double aveugle avec contrôle placebo	P07P, un produit chinois à base de plantes	50		*		
(Olivry, Rivière et al. 2002) [30]	Essai randomisé contrôlé en double aveugle	Ciclosporine A	30	*	*		
(Zur, White et al. 2002) [64]	Etude rétrospective	Désensibilisation	169	*			
(Scott, Miller et al. 2002) [65]	Etude randomisée en simple aveugle avec contrôle placebo	Produit homéopathique commercialisé	18	*			
(Senter, Scott et al. 2002) [66]	Etude randomisée en simple aveugle avec contrôle placebo	Zafirlukast	20	*			
(Olivry, Steffan et al. 2002) [31]	Essai parallèle multicentrique randomisé en double aveugle avec contrôle placebo	Ciclosporine A	91		*		*
(Marsella, Nicklin et al. 2002) [67]	Essai croisé randomisé en double aveugle avec contrôle placebo	Capsaicin	12	*	*		
(Marsella and Nicklin 2002) [68]	Essai croisé randomisé en double aveugle avec contrôle placebo	Lotion au tacrolimus 0.3%	8	*	*		
(Steffan, Alexander et al. 2003) [69]	Essai parallèle multicentrique randomisé en simple aveugle avec contrôle placebo	Ciclosporine A et méthylprednisolone	176	*	*	*	*
(Olivry, Dunston et al. 2003) [70]	Essai randomisé en double aveugle avec contrôle placebo	Misoprostol	20		*		*
(Saevik, Bergvall et al. 2004) [71]	Essai parallèle multicentrique randomisé en double aveugle avec contrôle placebo	Supplémentation en acides gras essentiels	60				*
(Steffan, Horn et al. 2004) [72]	Etude de suivi	Ciclosporine A et méthylprednisolone	78	*	*		*
(Cook, Scott et al. 2004) [73]	Essai clinique en simple aveugle avec contrôle placebo	Cétirizine	23	*			
(Mueller, Fieseler et al. 2004) [74]	Essai randomisé en double aveugle avec contrôle placebo	Acides gras essentiels oméga 3	29		*		*
(Burton, Burrows et al. 2004) [75]	Etude clinique prospective multicentrique	Ciclosporine A	41		*		*
(Mueller, Veir et al. 2004) [76]	Etude pilote	Utilisation de séquences d'ADN bactérien en immunothérapie	7			*	*
(Carlotti, Madiot et al. 2004) [77]	Etude pilote ouverte, pas de contrôle placebo	Interféron oméga	20				*
(Noli and Banni 2004) [78]	Essai randomisé en double aveugle avec contrôle placebo	Acide linoléique conjugué et huile de pépins de cassis	24		*		*
(Marsella, Nicklin et al. 2004) [79]	Essai croisé randomisé en double aveugle avec contrôle placebo	Tacrolimus	14				*
(Abba, Mussa et al. 2005) [80]	Etude clinique ouverte	Régime contrôlé et complément d'acides gras essentiels	22		*		*

Référence	Type d'étude	Traitement	Nombre					
(Steffan, Parks et al. 2005) [81]	Phase 1 : Essai randomisé en double aveugle avec contrôle placebo / Phase 2 : Etude ouverte	Ciclosporine A	268	*	*	*	*	*
(Bensignor and Olivry 2005) [82]	Essai randomisé en simple aveugle avec contrôle placebo	Tacrolimus	20	*	*	*		*
(Mueller, Veir et al. 2005) [83]	Etude pilote	Utilisation de complexes acide nucléique/liposome en immunothérapie	7	*		*		*
(Radowicz and Power 2005) [84]	Etude rétrospective	Ciclosporine A	51	*				*
(Colombo, Hill et al. 2005) [85]	Etude clinique prospective randomisée en double aveugle	Immunothérapie ArtuvetrinND	29			*		*
(Noli, Carta et al. 2007) [86]	Essai croisé randomisé en double aveugle avec contrôle placebo	Acide linoléique conjugué et huile de pépins de cassis	24		*			*
(Schnabl, Bettenay et al. 2006) [87]	Etude rétrospective	Immunothérapie	117	*	*			*
(Iwasaki and Hasegawa 2006) [88]	Etude comparative multicentrique contrôlée	Interféron gamma canin recombinant (KT-100)	109		*	*		*
(Ferguson, Littlewood et al. 2006) [89]	Essai randomisé en double aveugle avec contrôle placebo	Extrait végétal PYM00217	120		*	*		*
(Ricklin Gutzwiller, Reist et al. 2007) [90]	Etude multicentrique en double aveugle avec contrôle placebo	Injections intradermiques de Mycobacterium vaccae inactivé	64	*			*	*
(Loflath, von Voigts-Rhetz et al. 2007) [91]	Essai croisé randomisé en double aveugle avec contrôle placebo	Shampooing AllermylND	22				*	*
(Bensignor, Morgan et al. 2008) [92]	Essai croisé randomisé en simple aveugle	Régime enrichi en acides gras essentiels	20				*	*
(Gios, Linek et al. 2008) [93]	Etude multicentrique comparative randomisée en double aveugle	Aliments commercialisés de circuits spécialisés	50				*	*
(Bravo-Monsalvo, Vazquez-Chagoyan et al. 2008) [94]	Essai clinique ouvert, pas de contrôle placebo	Thérapie neurale	18				*	*
(Hill, Hoare et al. 2009) [95]	Phase 1 : étude ouverte / Phase 2 : essai randomisé en simple aveugle avec contrôle placebo	Homéopathie	20				*	*
(Carlotti, Boulet et al. 2009) [33]	Etude comparative multicentrique en double aveugle avec contrôle placebo	Interféron oméga recombinant	31					*
(Horvath-Ungerboeck, Thoday et al. 2009) [96]	Essai croisé prospectif, randomisé, en double aveugle avec contrôle placebo	Tepoxalin	30			*		*
(Marsella, Messinger et al. 2009) [97]	Essai randomisé en double aveugle avec contrôle placebo	EFF1001, préparation à base de Actinidia arguta	77			*		*
(Nuttall, Mueller et al. 2009) [98]	Essai randomisé en double aveugle avec contrôle placebo	Spray d'aceponate d'hydrocortisone 0.0584%	28				*	*
(Yasukawa, Saito et al. 2009) [99]	Essai clinique comparatif ouvert, randomisé	Interféron gamma canin recombinant	34			*		*
(Daigle, Moussy et al. 2010) [100]	Etude pilote	MastinibND	11			*		*
(Schmidt, McEwan et al. 2010) [101]	Essai randomisé en double aveugle avec contrôle placebo	PhytopicaND	22				*	*
(Singh, Dimri et al. 2010) [102]	Essai randomisé avec contrôle placebo	Pentoxifylline et acides gras polyinsaturés	30				*	*

-BIBLIOGRAPHIE-

1. Hillier, A. and C.E. Griffin, *The ACVD task force on canine atopic dermatitis (I): incidence and prevalence.* Vet Immunol Immunopathol, 2001. **81**(3-4): p. 147-51.
2. CNRTL. *Centre National de Ressources Textuelles et Lexicales.* 2005. Adresse URL : http://www.cnrtl.fr/etymologie/prurit.
3. Steinhoff, M., et al., *Neurophysiological, neuroimmunological, and neuroendocrine basis of pruritus.* J Invest Dermatol, 2006. **126**(8): p. 1705-18.
4. Locke, P.H., R.G. Harvey, and I.S. Mason, *British Small Animal Veterinary Association, Manual of Small Animal Dermatology.* 1993.
5. Marsella, R. and C.A. Sousa, *The ACVD task force on canine atopic dermatitis (XIII): threshold phenomenon and summation of effects.* Vet Immunol Immunopathol, 2001. **81**(3-4): p. 251-4.
6. Gerard J. Tortora, S.R.G., *Principes D'anatomie Et De Physiologie.* 3eme édition ed. 2002.
7. SFD. *Société Française de Dermatologie, Comprendre la peau les grandes fonctions de la peau.* 2005. Adresse URL : http://sfdermato.actu.com/cedef/2_Fonctions_peau.pdf.
8. Ikoma, A., et al., *Electrically evoked itch in humans.* Pain, 2005. **113**(1-2): p. 148-54.
9. Mochizuki, H., et al., *Imaging of central itch modulation in the human brain using positron emission tomography.* Pain, 2003. **105**(1-2): p. 339-46.
10. Drzezga, A., et al., *Central activation by histamine-induced itch: analogies to pain processing: a correlational analysis of O-15 H2O positron emission tomography studies.* Pain, 2001. **92**(1-2): p. 295-305.
11. Olivry, T., et al., *The ACVD task force on canine atopic dermatitis: forewords and lexicon.* Vet Immunol Immunopathol, 2001. **81**(3-4): p. 143-6.
12. Olivry, T., et al., *Validation of CADESI-03, a severity scale for clinical trials enrolling dogs with atopic dermatitis.* Vet Dermatol, 2007. **18**(2): p. 78-86.
13. DeBoer, D.J. and A. Hillier, *The ACVD task force on canine atopic dermatitis (XV): fundamental concepts in clinical diagnosis.* Vet Immunol Immunopathol, 2001. **81**(3-4): p. 271-6.
14. Olivry, T., et al., *Patch testing of experimentally sensitized beagle dogs: development of a model for skin lesions of atopic dermatitis.* Vet Dermatol, 2006. **17**(2): p. 95-102.
15. Olivry, T., *New diagnostic criteria for canine atopic dermatitis.* Vet Dermatol, 2009. **21**(1): p. 123-6.
16. Griffin, C.E. and D.J. DeBoer, *The ACVD task force on canine atopic dermatitis (XIV): clinical manifestations of canine atopic dermatitis.* Vet Immunol Immunopathol, 2001. **81**(3-4): p. 255-69.
17. Favrot, C., et al., *A prospective study on the clinical features of chronic canine atopic dermatitis and its diagnosis.* Vet Dermatol, 2009. **21**(1): p. 23-31.
18. Bourdeau, M. *Validité et fidélité des mesures prolégomènes à l'analyse des questionnaires.* 2000. Adresse URL : http://www.mgi.polymtl.ca/marc.bourdeau/Consultations/Validations/valid2.pdf.
19. Chren, M.M., *Giving "scale" new meaning in dermatology: measurement matters.* Arch Dermatol, 2000. **136**(6): p. 788-90.
20. Plant, J.D., *Repeatability and reproducibility of numerical rating scales and visual analogue scales for canine pruritus severity scoring.* Vet Dermatol, 2007. **18**(5): p. 294-300.

21. Wojciechowska, J.I. and C.J. Hewson, *Quality-of-life assessment in pet dogs.* J Am Vet Med Assoc, 2005. **226**(5): p. 722-8.

22. Sneeuw, K.C., M.A. Sprangers, and N.K. Aaronson, *The role of health care providers and significant others in evaluating the quality of life of patients with chronic disease.* J Clin Epidemiol, 2002. **55**(11): p. 1130-43.

23. Hill, P.B., P. Lau, and J. Rybnicek, *Development of an owner-assessed scale to measure the severity of pruritus in dogs.* Vet Dermatol, 2007. **18**(5): p. 301-8.

24. Rybnicek, J., et al., *Further validation of a pruritus severity scale for use in dogs.* Vet Dermatol, 2009. **20**(2): p. 115-22.

25. Plant, J.D., *Correlation of observed nocturnal pruritus and actigraphy in dogs.* Vet Rec, 2008. **162**(19): p. 624-5.

26. Nuttall, T. and N. McEwan, *Objective measurement of pruritus in dogs: a preliminary study using activity monitors.* Vet Dermatol, 2006. **17**(5): p. 348-51.

27. Charman, C. and H. Williams, *Outcome measures of disease severity in atopic eczema.* Arch Dermatol, 2000. **136**(6): p. 763-9.

28. Germain, P.A., P. Prelaud, and E. Bensignor, *CADESI (Canine Atopic Dermatitis Extent and Severity Index) reproducibility.* Revue Med. Vét., 2005. **156**(7): p. 382-385.

29. Olivry, T., E. Guaguere, and H. D., *Treatment of canine atopic dermatitis with the prostaglandin E1 analog misoprostol : an open study.* Journal of Dermatological Treatment, 1997. **8**: p. 243-7.

30. Olivry, T., et al., *Ciclosporine decreases skin lesions and pruritus in dogs with atopic dermatitis: a blinded randomized prednisolone-controlled trial.* Vet Dermatol, 2002. **13**(2): p. 77-87.

31. Olivry, T., et al., *Randomized controlled trial of the efficacy of ciclosporine in the treatment of atopic dermatitis in dogs.* J Am Vet Med Assoc, 2002. **221**(3): p. 370-7.

32. Olivry, T., et al., *Determination of CADESI-03 thresholds for increasing severity levels of canine atopic dermatitis.* Vet Dermatol, 2008. **19**(3): p. 115-9.

33. Carlotti, D.N., et al., *The use of recombinant omega interferon therapy in canine atopic dermatitis: a double-blind controlled study.* Vet Dermatol, 2009. **20**(5-6): p. 405-11.

34. Orito, K., et al., *A new analytical system for quantification scratching behaviour in mice.* Br J Dermatol, 2004. **150**(1): p. 33-8.

35. Hill, P., J. Rybníček, and P.J. Lau-Gillard, *Correlation between pruritus score and grossly visible erythema in dogs.* Vet Dermatol. , 2010.

36. Olivry, T., et al., *Interventions for atopic dermatitis in dogs: a systematic review of randomized controlled trials.* Vet Dermatol, 2010. **21**(1): p. 4-22.

37. Willemse, A., W.E. Van den Brom, and A. Rijnberk, *Effect of hyposensitization on atopic dermatitis in dogs.* J Am Vet Med Assoc, 1984. **184**(10): p. 1277-80.

38. Scott, D.W. and R.G. Buerger, *Nonsteroidal Antiinflammatory Agents in the Management of Canine Pruritus.* Journal of the American Hospital Association, 1988. **24**: p. 425-8.

39. Lloyd, D.H. and L.R. Thomsett, *Essential Fatty Acid Supplementation In The Treatment Of Canine Atopy, A Preliminary Study.* Vet Dermatol, 1989. **1**: p. 41-44.

40. Miller, W.H., et al., *Clinical Trial of DVM Derm Caps in the Treatment of Allergic Disease in Dogs: A Nonblinded Study.* Journal of the American Hospital Association, 1989. **25**: p. 163-8.

41. Scott, D.W. and W.H. Miller, Jr., *Nonsteroidal management of canine pruritus: chlorpheniramine and a fatty acid supplement (DVM Derm Caps) in combination, and the fatty acid supplement at twice the manufacturer's recommended dosage.* Cornell Vet, 1990. **80**(4): p. 381-7.

42. Paradis, M., D.W. Scott, and D. Giroux, *Further Investigations on the Use of Nonsteroidal and Steroidal Antiinflammatory Agents in the Management of Canine Pruritus.* Journal of the American Hospital Association, 1991. **27**: p. 44-48.

43. Paradis, M., S. Lemay, and D.W. Scott, *The Efficacy of Clemastine (Tavist), a Fatty Acid-containing Product (Derm Caps), and the Combination of Both Products in the Management of Canine Pruritus.* Vet Dermatol, 1991. **2**: p. 17-20.

44. Miller, W.H., D.W. Scott, and J.R. Wellington, *Nonsteroidal Management of Canine Pruritus with Amitriptyline.* Cornell Vet, 1991. **82**: p. 53-57.

45. DeBoer, D.J., K.A. Moriello, and R.A. Pollet, *Efficacy of AHR-13268, an antiallergenic compound, in the management of pruritus caused by atopic disease in dogs.* Am J Vet Res, 1992. **53**(4): p. 532-6.

46. Scarff, D.H. and D.H. Lloyd, *Double blind, placebo-controlled, crossover study of evening primrose oil in the treatment of canine atopy.* Vet Rec, 1992. **131**(5): p. 97-9.

47. Miller, W.H., D.W. Scott, and J.R. Wellington, *Investigation of the Antipruritic Effects of Ascorbic Acid Given Alone and in Combination with e Fatty Acid Supplement to Dogs with Allergic Skin Disease.* Canine Practice, 1992. **17**(5): p. 11-13.

48. Bond, R. and D.H. Lloyd, *A double-blind comparison of olive oil and a combination of evening primrose oil and fish oil in the management of canine atopy.* Vet Rec, 1992. **131**(24): p. 558-60.

49. Miller, W.H., D.W. Scott, and J.R. Wellington, *A clinical trial on the efficacy of clemastine in the management of allergic pruritus in dogs.* Can Vet J, 1993. **34**(1): p. 25-27.

50. Bond, R. and D.H. Lloyd, *Double-Blind Comparison of Three Concentrated Essential Fatty Acid Supplements in the Management of Canine Atopy.* Vet Dermatol, 1993. **4**(4): p. 185-9.

51. Bond, R. and D.H. Lloyd, *Combined treatment with concentrated essential fatty acids and prednisolone in the management of canine atopy.* Vet Rec, 1994. **134**(2): p. 30-2.

52. DeBoer, D.J., K.A. Moriello, and R.A. Pollet, *Inability of Short-Duration Treatment with a 5-Lipoxygenase Inhibitor to Reduce Clinical Signs of Canine Atopy.* Vet Dermatol, 1994. **5**(1): p. 13-16.

53. Logas, D. and G.A. Kunkle, *Double-blinded Crossover Study with Marine Oil Supplementation Containing High-dose Eicosapentaenoic Acid for Treatment of Canine Pruritic Skin Disease.* Vet Dermatol, 1994. **5**(3): p. 99-104.

54. Paterson, S., *Additive benefits of EFAs in dogs with atopic dermatitis after partial response to antihistamine therapy.* J Small Anim Pract, 1995. **36**(9): p. 389-94.

55. Olivry, T., E. Guaguere, and D. Héripret, *Treatment of canine atopic dermatitis with misoprostol a prostaglandin E1 analogue : an open study.* Journal of Dermatological Treatment, 1997. **8**: p. 243-247.

56. Scott, D.W., et al., *Effect of an omega-3/omega-6 fatty acid-containing commercial lamb and rice diet on pruritus in atopic dogs: results of a single-blinded study.* Can J Vet Res, 1997. **61**(2): p. 145-53.

57. Beningo, K.E., et al., *Observations on the use of tetracycline and niacinamide as antipruritic agents in atopic dogs.* Can Vet J, 1999. **40**(4): p. 268-70.

58. Harvey, R.G., *A blinded, placebo-controlled study of the efficacy of borage seed oil and fish oil in the management of canine atopy.* Vet Rec, 1999. **144**(15): p. 405-7.

59. Ferrer, L., et al., *Clinical anti-inflammatory efficacy of arofylline, a new selective phosphodiesterase-4 inhibitor, in dogs with atopic dermatitis.* Vet Rec, 1999. **145**(7): p. 191-4.

60. Marsella, R. and C.F. Nicklin, *Double-blinded cross-over study on the efficacy of pentoxifylline for canine atopy.* Vet Dermatol, 2000. **11**: p. 255-60.

61. Fontaine, J. and T. Olivry, *Treatment of canine atopic dermatitis with ciclosporine: a pilot clinical study.* Vet Rec, 2001. **148**(21): p. 662-3.

62. Crow, D.W., R. Marsella, and C.F. Nicklin, *Double-blinded, placebo-controlled, cross-over pilot study on the efficacy of zileuton for canine atopic dermatitis.* Vet Dermatol, 2001. **12**(4): p. 189-95.

63. Nagle, T.M., et al., *A randomized, double-blind, placebo-controlled trial to investigate the efficacy and safety of a Chinese herbal product (P07P) for the treatment of canine atopic dermatitis.* Vet Dermatol, 2001. **12**(5): p. 265-74.

64. Zur, G., et al., *Canine atopic dermatitis: a retrospective study of 169 cases examined at the University of California, Davis, 1992-1998. Part II. Response to hyposensitization.* Vet Dermatol, 2002. **13**(2): p. 103-11.

65. Scott, D.W., et al., *Treatment of canine atopic dermatitis with a commercial homeopathic remedy: a single-blinded, placebo-controlled study.* Can Vet J, 2002. **43**(8): p. 601-3.

66. Senter, D.A., D.W. Scott, and W.H. Miller, Jr., *Treatment of canine atopic dermatitis with zafirlukast, a leukotriene-receptor antagonist: a single-blinded, placebo-controlled study.* Can Vet J, 2002. **43**(3): p. 203-6.

67. Marsella, R., C.F. Nicklin, and C. Melloy, *The effects of capsaicin topical therapy in dogs with atopic dermatitis: a randomized, double-blinded, placebo-controlled, cross-over clinical trial.* Vet Dermatol, 2002. **13**(3): p. 131-9.

68. Marsella, R. and C.F. Nicklin, *Investigation on the use of 0.3% tacrolimus lotion for canine atopic dermatitis: a pilot study.* Vet Dermatol, 2002. **13**(4): p. 203-10.

69. Steffan, J., et al., *Comparison of ciclosporine A with methylprednisolone for treatment of canine atopic dermatitis: a parallel, blinded, randomized controlled trial.* Vet Dermatol, 2003. **14**(1): p. 11-22.

70. Olivry, T., et al., *A randomized controlled trial of misoprostol monotherapy for canine atopic dermatitis: effects on dermal cellularity and cutaneous tumour necrosis factor-alpha.* Vet Dermatol, 2003. **14**(1): p. 37-46.

71. Saevik, B.K., et al., *A randomized, controlled study to evaluate the steroid sparing effect of essential fatty acid supplementation in the treatment of canine atopic dermatitis.* Vet Dermatol, 2004. **15**(3): p. 137-45.

72. Steffan, J., et al., *Remission of the clinical signs of atopic dermatitis in dogs after cessation of treatment with cyclosporin A or methylprednisolone.* Vet Rec, 2004. **154**(22): p. 681-4.

73. Cook, C.P., et al., *Treatment of canine atopic dermatitis with cetirizine, a second generation antihistamine: a single-blinded, placebo-controlled study.* Can Vet J, 2004. **45**(5): p. 414-7.

74. Mueller, R.S., et al., *Effect of omega-3 fatty acids on canine atopic dermatitis.* J Small Anim Pract, 2004. **45**(6): p. 293-7.

75. Burton, G., et al., *Efficacy of cyclosporin in the treatment of atopic dermatitis in dogs--combined results from two veterinary dermatology referral centres.* Aust Vet J, 2004. **82**(11): p. 681-5.

76. Mueller, R., et al., *The use of immunostimulatory bacterial DNA sequences in allergen-specific immunotherapy of canine atopic dermatitis.* Vet Dermatol, 2004. **15**: p. 20-40.

77. Carlotti, D.N., et al., *Use of recombinant omega interferon therapy in canine atopic dermatitis : a pilot study.* Vet Dermatol, 2004. **15**: p. 20-40.

78. Noli, C. and S. Banni, *Efficacy of conjugated linoleic acid and black currant seed oil in the treatment of canine atopic dermatitis: a double-blinded, randomized, placebo-controlled study.* Vet Dermatol, 2004. **15**: p. 20-40.

79. Marsella, R., et al., *Investigation on the clinical efficacy and safety of 0.1% tacrolimus ointment (Protopic) in canine atopic dermatitis: a randomized, double-blinded, placebo-controlled, cross-over study.* Vet Dermatol, 2004. **15**(5): p. 294-303.

80. Abba, C., et al., *Essential fatty acids supplementation in different-stage atopic dogs fed on a controlled diet.* J Anim Physiol Anim Nutr (Berl), 2005. **89**(3-6): p. 203-7.

81. Steffan, J., C. Parks, and W. Seewald, *Clinical trial evaluating the efficacy and safety of ciclosporine in dogs with atopic dermatitis.* J Am Vet Med Assoc, 2005. **226**(11): p. 1855-63.

82. Bensignor, E. and T. Olivry, *Treatment of localized lesions of canine atopic dermatitis with tacrolimus ointment: a blinded randomized controlled trial.* Vet Dermatol, 2005. **16**(1): p. 52-60.

83. Mueller, R.S., et al., *Use of immunostimulatory liposome-nucleic acid complexes in allergen-specific immunotherapy of dogs with refractory atopic dermatitis - a pilot study.* Vet Dermatol, 2005. **16**(1): p. 61-8.

84. Radowicz, S.N. and H.T. Power, *Long-term use of ciclosporine in the treatment of canine atopic dermatitis.* Vet Dermatol, 2005. **16**(2): p. 81-6.

85. Colombo, S., et al., *Effectiveness of low dose immunotherapy in the treatment of canine atopic dermatitis: a prospective, double-blinded, clinical study.* Vet Dermatol, 2005. **16**(3): p. 162-70.

86. Noli, C., et al., *Conjugated linoleic acid and black currant seed oil in the treatment of canine atopic dermatitis: a preliminary report.* Vet J, 2007. **173**(2): p. 413-21.

87. Schnabl, B., et al., *Results of allergen-specific immunotherapy in 117 dogs with atopic dermatitis.* Vet Rec, 2006. **158**(3): p. 81-5.

88. Iwasaki, T. and A. Hasegawa, *A randomized comparative clinical trial of recombinant canine interferon-gamma (KT-100) in atopic dogs using antihistamine as control.* Vet Dermatol, 2006. **17**(3): p. 195-200.

89. Ferguson, E.A., et al., *Management of canine atopic dermatitis using the plant extract PYM00217: a randomized, double-blind, placebo-controlled clinical study.* Vet Dermatol, 2006. **17**(4): p. 236-43.

90. Ricklin Gutzwiller, M.E., et al., *Intradermal injection of heat-killed Mycobacterium vaccae in dogs with atopic dermatitis: a multicentre pilot study.* Vet Dermatol, 2007. **18**(2): p. 87-93.

91. Loflath, A., et al., *The efficacy of a commercial shampoo and whirlpooling in the treatment of canine pruritus - a double-blinded, randomized, placebo-controlled study.* Vet Dermatol, 2007. **18**(6): p. 427-31.

92. Bensignor, E., D.M. Morgan, and T. Nuttall, *Efficacy of an essential fatty acid-enriched diet in managing canine atopic dermatitis: a randomized, single-blinded, cross-over study.* Vet Dermatol, 2008. **19**(3): p. 156-62.

93. Glos, K., et al., *The efficacy of commercially available veterinary diets recommended for dogs with atopic dermatitis.* Vet Dermatol, 2008. **19**(5): p. 280-7.

94. Bravo-Monsalvo, A., et al., *Clinical efficacy of neural therapy for the treatment of atopic dermatitis in dogs.* Acta Vet Hung, 2008. **56**(4): p. 459-69.

95. Hill, P.B., et al., *Pilot study of the effect of individualised homeopathy on the pruritus associated with atopic dermatitis in dogs.* Vet Rec, 2009. **164**(12): p. 364-70.

96. Horvath-Ungerboeck, C., et al., *Tepoxalin reduces pruritus and modified CADESI-01 scores in dogs with atopic dermatitis: a prospective, randomized, double-blinded, placebo-controlled, cross-over study.* Vet Dermatol, 2009. **20**(4): p. 233-42.

97. Marsella, R., et al., *A randomized, double-blind, placebo-controlled study to evaluate the effect of EFF1001, an Actinidia arguta (hardy kiwi) preparation, on CADESI score and pruritus in dogs with mild to moderate atopic dermatitis.* Vet Dermatol, 2009. **21**(1): p. 50-7.

98. Nuttall, T., et al., *Efficacy of a 0.0584% hydrocortisone aceponate spray in the management of canine atopic dermatitis: a randomised, double blind, placebo-controlled trial.* Vet Dermatol, 2009. **20**(3): p. 191-8.

99. Yasukawa, K., et al., *Low-dose recombinant canine interferon-gamma for treatment of canine atopic dermatitis: an open randomized comparative trial of two doses.* Vet Dermatol, 2009. **21**(1): p. 42-9.

100. Daigle, J., et al., *Masitinib for the treatment of canine atopic dermatitis: a pilot study.* Vet Res Commun, 2010. **34**: p. 51-63.

101. Schmidt, V., et al., *The glucocorticoid sparing efficacy of Phytopica in the management of canine atopic dermatitis.* Vet Dermatol, 2010. **21**(1): p. 96-105.

102. Singh, S.K., et al., *Therapeutic management of canine atopic dermatitis by combination of pentoxifylline and PUFAs.* J Vet Pharmacol Ther, 2010. **33**(5): p. 495-8.

103. Simou, C., et al., *Adherence of Staphylococcus intermedius to corneocytes of healthy and atopic dogs: effect of pyoderma, pruritus score, treatment and gender.* Vet Dermatol, 2005. **16**(6): p. 385-91.

104. Olivry, T. and R.S. Mueller, *Evidence-based veterinary dermatology: a systematic review of the pharmacotherapy of canine atopic dermatitis.* Vet Dermatol, 2003. **14**(3): p. 121-46.

105. Marshall, M., et al., *Unpublished rating scales: a major source of bias in randomised controlled trials of treatments for schizophrenia.* Br J Psychiatry, 2000. **176**: p. 249-52.

106. Charman, C., C. Chambers, and H. Williams, *Measuring atopic dermatitis severity in randomized controlled clinical trials: what exactly are we measuring?* J Invest Dermatol, 2003. **120**(6): p. 932-41.

107. Oranje, A.P., et al., *Practical issues on interpretation of scoring atopic dermatitis: the SCORAD index, objective SCORAD and the three-item severity score.* Br J Dermatol, 2007. **157**(4): p. 645-8.

Made in the USA
Coppell, TX
26 January 2022